天龙寺
以岚山为背景、红叶映衬下的曹源池
（参阅第五章）

龙安寺
自东北面所见石庭全景
（参阅第五章）

桂离宫
洲滨（前景）、天桥立（中景）、松琴亭景色
（参阅第七章，宫内厅京都事务所提供）

燕庵
自坐凳所见踏脚石和石灯笼
（参阅第六章，薮内燕庵提供）

# 图说日本庭园史

A History of Japanese Garden

［日］小野健吉／著
蔡敦达／译

南京大学出版社

# 阅读日本书系编辑委员会名单

# 阅读日本书系选考委员会名单

| 姓名 | 单位 | 专业 |
| --- | --- | --- |
| 高原　明生（委员长） | 东京大学<br>教授 | 日中关系 |
| 苅部　直　（委员） | 东京大学<br>教授 | 政治思想史 |
| 小西　砂千夫（委员） | 关西学院大学<br>教授 | 财政学 |
| 上田　信　（委员） | 立教大学<br>教授 | 环境史 |
| 田南　立也（委员） | 日本财团<br>常务理事 | 国际交流、情报信息 |
| 王　中忱　（委员） | 清华大学<br>教授 | 日本文化、思潮 |
| 白　智立　（委员） | 北京大学政府管理学院<br>副教授 | 行政学 |
| 周　以量　（委员） | 首都师范大学<br>副教授 | 比较文化论 |
| 于　铁军　（委员） | 北京大学国际关系学院<br>副教授 | 国际政治、外交 |
| 田　雁　　（委员） | 南京大学中日文化研究中心<br>研究员 | 日本文化 |

# 目　录

# 中文版序言

拙著《日本庭园——空间美的历史》，仰赖同济大学蔡敦达教授的翻译由南京大学出版社正式出版，为中国读者了解日本庭园历史提供了机会，我感到十分高兴。

诸位垂阅小著就会知晓，这是本篇幅有限的小书，而非学术专著。我只是参考了日本庭园的学术研究成果，以通史形式向日本国内的爱好者提供了一本日本庭园的通史读物。日本庭园不仅在日本国内，而且在海外的知名度和人气都很高，但遗憾的是大家并非都了解其历史。日本庭园的写真集汗牛充栋，然简明扼要的日本庭园通史书却凤毛麟角。这便是我执笔的初衷，决意撰写一本每个人都看得懂的日本庭园通史书。为了帮助中国读者更好地阅读本书，我在这里简述一下日本庭园与在其历史中占重要位置的中国园林的关系。

我认为，现今人们心目中的日本庭园形象，即模拟自然风景，充分活用素材的自然本性，保持与周围景观的融合协调，同时使之具有人间仙境的意味。这种庭园理想形式在八世纪日本的京城——平城京就已确立。当时的皇族和贵族所向往的庭园模式是东亚大帝国唐朝的园林模式，这确切无疑。庭园与气候、地形、植被、景观相互关联，更与思想、民族的观念密不可分。因此，八世纪的日本庭园并非唐朝园林的翻版，但唐朝园林给予日本庭园重要之影响却是不争的事实。其后中国的园林也影响着日本，十三世纪由中国禅僧带来日本的景观概念——“境致”以及由此衍生的禅宗寺院庭园设计，十七至十九世纪大名庭园细部设计中大多采用的西湖、苏堤等中国园林的元素又都是受中国园林影响的实例。尽管王朝交替频繁，但以汉学文化为基础、版图曾经延至欧亚大陆东端的中国，其对东方海中弧状列岛日本的影响持续了相当长的时间，并涉及整个文化领域，庭园也不例外。而日本的庭园也对来自中国的信息去粗取精，创造了有别于中国、适合自身风土并具有独自特色的东西。

邻接的文化在相互影响中保持着独自的特色并得到发展，这样，便产生了文化的多样性，使世界的文化变得更加丰富多彩。理解和尊重各自的文化是加深相互理解、构筑友好和平关系的基础。记述日本庭园历史的著作能有助于中国读者了解日本文化的一个方面，本人深感欣慰。同时十分期待诸位在垂阅拙著之后，实际造访日本，亲眼观赏日本庭园。

最后，对为出版该书付出辛劳的蔡敦达教授、南京大学出版社以及各方面相关人员，表示我由衷的感谢。

小野健吉
于八世纪京城——平城京的
奈良市街之一隅
2014年10月吉日

# 序　言

“日本庭园”的形象因人而异，例如，有在京都岚山红似火焰的枫叶映衬下的天龙寺庭园，有众多游客静坐在方丈屋檐下观看、沉思的京都龙安寺石庭，还有可信步环游的小石川后乐园，其幽静让人忘却了东京都心的喧嚣。或许有人脑海中的“日本庭园”的形象并非此类“名园”，而是曾经住宿过的旅馆小庭园，水池边置立着雪见石灯笼，池中美丽的锦鲤穿来游去。也有人会想起不久前到访过的饭馆的内庭之幽静，踏脚石、石洗手盆和石灯笼让人流连忘返。

这些日本庭园的类型，既有池水庭园，又有枯山水庭园，或有“露地”(茶庭)。表面上看起来迥然不同，但都是日本庭园。这是因为日本庭园这一概念非指特定的样式，它包括了在日本列岛这一风土中，各个时代的社会和文化所孕育的各种样式的庭园。就这点而言，它与诸如欧洲的意大利园林、法国园林和英国园林这些通常限定特定时代、特定样式的园林，正好形成鲜明的对照。换言之，日本庭园是历史形成的产物，要真正理解日本庭园必须了解其历史，这是必不可缺的。

日本庭园史的研究始于明治时代。小泽圭次郎自1890年以降在《国华》杂志上连载《园苑源流考》，它作为以文献史料为依据的综合性日本庭园史论的先驱性成果，至今评价甚高。加上之后的二十世纪二十至五十年代对现存庭园和庭园遗址地形实测的研究、根据绘画史料的研究，以及后来六十年代根据埋藏文化财(地下历史遗产)发掘调查的研究，庭园史研究有了极大的进展。本书将立足以往的庭园史研究成果，探寻史前经古代、中世、近世，直至近现代日本庭园的历史足迹。

或许记述上有些前颠后倒，但究竟何谓庭园？在进入正文前有必要事先做一确认。《广辞苑》（第六版）“庭园”条目中这样记述：“为观赏、散步等目的植树、筑山、掘池造泉等的庭。特指经规划建筑的庭（niwa）。”而《大辞林》（第三版）相关条目中如此写道：“为观赏、休闲目的植树，建造喷泉、花坛、亭子等，靠人工打造的场所。庭（niwa）。”有趣的是，前者的记述依据日本庭园的形象，而后者则基于西洋园林的形象。但两者在其功能（或作用）上，首先都列举了观赏，随后加上散步或休闲。但是，从历史眼光看庭园，观赏并非其关键，它实际上是一种多功能的屋外空间。我在以前执笔《岩波佛教辞典》（第二版）“庭园”条目时，下了如下定义：

> 作为祭祀、仪式、飨宴、散步、招待等的场所，或作为观赏的对象，在一定的空间、时间下进行造型的屋外空间。主要使用土、石、植物、水等自然材料营筑。通常附属于建筑物或包括建筑物在内……

本书也将在这个前提下思考“庭园”。

# 第一章　庭园的发生
## ——绳纹、弥生、古坟时代的屋外造型

水边祭祀场——城之越遗址（整修后景观）

在谈论日本庭园时，人们常常为从哪个时代谈起而烦恼。假如我们将视点聚焦在公认的“庭园”这一概念的话，从飞鸟时代说起不失为一种方法。不过，若如“序言”所述，在广义上对庭园下定义的话，它不仅在古坟时代已经存在，甚至可以追溯到绳纹时代、弥生时代。绳纹时代是一个狩猎、渔捞和采集的社会，同时人们过着定居的生活；弥生时代正式开始了稻作农耕，形成了小型国家；而古坟时代出现了掌握强大权力的首领阶层，建筑有作为地标（地形标志）的巨大坟墓。这里有必要涉及在空间和时间的美意识下形成的屋外造型。

然而，这些时代的文献史料几乎不存，我们主要依据考古发掘

的考古学成果来思考。近年发掘调查的成果惊人，加上采用科学的分析手段，补充了不少新的观点。本书将根据以上广义的“庭园”概念，以绳纹时代和弥生时代的屋外祭祀空间、古坟时代的前方后圆坟和水边祭祀空间等为主，展开日本庭园的话题。

## ❶ 住居和“祭祀”场的景观

### 绳纹人的居住地和景观

按年代划分日本历史时，撇开旧石器时代不论，最初出现的该是“绳纹时代”。“绳纹”指的是用绳子在陶器的表面滚出或压出的纹样，世称制作或使用这种纹样的陶器（即绳纹陶器）的时代为绳纹时代。根据陶器文化的变迁，绳纹时代又分为草创期、早期、前期、中期、后期和晚期六个时期。以往将绳纹时代大约定在一万二千年前至公元前五世纪，近来根据 AMS 法（加速器质谱法）测定，将其上限追溯至三千年。当然，所谓绳纹时代，是考古学上的时代划分，并不指日本列岛的这一时期都能称为绳纹时代，绳纹时代的开始和结束因地域存在着差异。

绳纹时代的前期结束时已建造有规模较大的聚落，中期开始时发展为中央建有广场的环状形聚落。大约距今六千年至五千年前，三内丸山遗址（青森县青森市）就在此时开始营造，它以巨大的立柱遗构和大型建筑物遗构而闻名。总之，此时以降生活在日本列岛的人们已建造聚落定居，并在周边的河川、大海、原野和森林等地狩猎、渔捞和采集，其中部分人还进行原始的植物栽培，以此获得粮食，还与其他聚落交易，经营着比较稳定的共同体生活。

然而，这些聚落的择地又是如何决定的呢？首先，其要因是必须易于获得食物。诸如易于捕捞鱼类和贝壳类的河川和海岸、作为狩猎对象的鹿和野猪等动物出没生息的场所、充当食物的树木果实和薯蓣等植物资源丰富的场所，这些地方都是最适宜居住的场所。可以想像，经营一处相当规模的聚落需要一定规模的平地，同时要求有涌泉或溪流等容易取水的场所。不过，按小林达雄氏（考古学）的观点，其要因并非单纯出于实际用途考虑，在选择聚落用地时,景观占据了重要的位置。

照小林氏的说法,聚落的建造以及下面将提到的环状列石等象征物的建设,多有意识地选择具地标意义的秀丽山峰。例如,三内丸山遗址的择地,其东面为高森山、西面为岩木山(津轻富士)。另外,就狩猎和交易等实际利益而言难以涉足的山顶及其附近(如长野县蓼科山、神奈川县大山等地),也发现有绳纹时代的遗物,可以推测在这些地方举行过某种仪式。综上考虑,可以认为绳纹人相信山具有超自然之力量,即神力,并将其当作崇拜的对象。

## 环状列石

以上推论的重要依据是,环状列石之类的象征物与前面提到的作为地标山峰的关系。从环状列石(stone circle)这一译词可以看出,指的是将石块呈环状排列的配石遗构。海外著名的有英国的巨石阵(Stonehenge)、埃夫伯里石圈(Avebury Stone Circle)

**图 1-1　英国埃夫伯里石圈**

(图 1-1)等。巨石阵的柱子、梁等构造具有建筑成分,而埃夫伯里石圈所竖立的自然石之间隔着空间,两者给人的印象不同,但在环状壕沟和堤内侧巨石呈环状排列这点上却是相同的。环状排列的巨石环直径,巨石阵约 30 米,而埃夫伯里石圈竟达 335 米。一般推测巨石阵是用作葬礼或与太阳有关的祭祀。

而在日本，绳纹时代的环状列石是组合单块或数块石头（配石遗构）呈环状排列，环的直径大致在1～50米。从石块的堆置方法看，以竖石的配石遗构为一个单位呈双重环状排列，如大汤环状列石（秋田市鹿角市，图1-2）；或组合竖立的石头和横卧的石头呈石垣状排列，如小牧野遗址（青森县青森市）等。各遗址之间存在有很大差异。从大汤环状列石等可以看出，每个单位的配石遗构都是坟墓，因此可以认为这些日本的环状列石都是葬礼和敬畏自然所需的设施，即针对祖先和自然的"祭祀"。

**图1-2　大汤环状列石（整修后景观）直径44米的野中堂环状列石**

据说小林氏在实地勘查这些环状列石所代表的日本配石遗构时，发现从那里能够看到山。从鹫之木遗址（北海道森町）的环状列石能够望见驹岳峰，从上白岩遗址（静冈县伊豆市）的环状列石能够看见富士山。不仅择地时需眺望得到山峰，而且在选择山峰时还要注重方位及其与配石遗构的关系。牛石遗址（山梨县都留市）的环状列石正西方有座三峠山，春分和秋分夕阳落在山顶上。大汤环状列石在冬至日落方向有座黑又山，大森胜山遗址（青森县弘前市）的环状列石，冬至日夕阳落在西南面的岩木山顶上。

在选择“祭祀”设施的地方时，的确有可能意识到作为地标的山峰；同时也可以想见，绳纹人相信山具有神力并将它作为崇拜的对象。他们选择景观优美的场所作为“祭祀”场，而其主要构成要素是排列立石，这可以视作绳纹时代广义上的“庭园”。当然，这一时代的立石和配石遗构与飞鸟、奈良时代以降日本庭园的设计在传承上没有任何关系。

## 弥生人的居住地

按以前说法，以水田稻作为主、使用弥生陶器的弥生时代始于公元前四百至五百年。但近年根据 AMS 法对陶器年代的分析，认为弥生时代在北九州地区始于公元前九百年。当然，“弥生时代”这一概念是基于考古学上的时代划分，日本列岛并非以某年为界全部进入了弥生时代，这与前面所提到的绳纹时代的情况相同。日本国立历史民俗博物馆的研究团队则持“弥生时代始于公元前十世纪”学说，此学说认为水田稻作以缓慢的速度从北九州渐渐地向日本列岛各地传播，传到近畿地区为公元三百至四百年，中部地区及东北地区北部为公元五百年，最晚的地区是南关东地区，大约在公元六百至七百年。顺便提一下，从弥生时代向古坟时代过渡的时期，最早发生在近畿地区，现今通常定在三世纪。

背景介绍稍稍长了点，弥生时代是以水田稻作为主的社会形成的时代，这一共识没有改变。在以大米这种划时代的农作物为主的弥生时代，粮食的供给格外稳定，加之流通经济的发展，财富集聚的速度得到加快。在这种状况下，诞生了基于集团间政治或经济协作的小国家。

人们定居的聚落多建于水田附近的坡地或高地，大致都是视野好的开放性空间。例如，《魏志倭人传》中所记“一支国”的中心聚落原之过遗址（长崎县壹岐市），它是个始于公元前三世纪左右的聚落遗址，其后百年间建设成了有多重环濠的大型聚落。遗址位于壹岐岛最大盆地的坡地上，自此能够远眺四周的山峰和布满水田的整个盆地。择地时最先考虑的是，是否利于管理和看护关乎自身生计基础的水田。结果，人们从环绕盆地的山峰和一望无际的青绿水田景观中发现了美，这也是极其自然的。

## 弥生时代的“祭祀”场

下面我们将话题转换到弥生时代的“祭祀”(maturi)场。《魏志倭人传》“马韩”(朝鲜半岛西南部)条目中有如下记载,在播种完成后的五月和农忙结束后的十月,人们都要祭祀鬼神,载歌载舞、饮食狂欢,并在各自聚落的居住区以外,另外划出所谓“苏涂”的专用区(“别邑”),竖起大木、挂上铃和鼓,用以祭祀鬼神。日本弥生时代的聚落,也举行过同样的祭祀,春天祈祷丰收,秋天感谢收获。这种“祭祀”场应该相当于马韩“苏涂”的专用区。因此,寻找存在“祭祀”场的遗址成了个重要的课题。在这方面,营造于弥生时代中期,即公元前二世纪至公元一世纪的田和山遗址(岛根县松江市)极有可能是这样一个例子(图 1 - 3)。

**图 1 - 3 田和山遗址(整修后景观,松江市教育委员会提供)**

田和山遗址发掘调查中,在能够望见宍道湖的丘陵半山腰发现了三重环濠,同时在被环濠守护着的山顶上还发现了多处柱穴。接近山顶部的第一环濠总长 200 米、深 1 米,中间的第二环濠总长 226 米、深 1.5 米,最外侧的第三环濠总长约 275 米、深 1.8 米,这是处规模巨大的聚落。因为遗址环濠内不见居住用建筑,出土的是些铜剑形石剑等,所以可以看作一处“祭祀”场。这种观点较为合理。另外,也可以将山顶部发现的多处柱穴中的一部分看作干栏式建筑的柱子遗迹，有人推测其为神殿或安放祭祀用具的地方。另一方面，难以证明是建筑物的多数柱穴，恐怕为悬挂祭祀器物的柱子遗迹。

由此看来，田和山遗址在时间上较《魏志倭人传》所记马韩的稍早些，但与马韩的“苏涂”在性质上极其相似。仅就田和山遗址的例子而言，“祭祀”场通常建在眺望视野开阔的场所，四周环绕象征聚落防御的环濠，并以此为界。即便不能断定它就是弥生时代祭祀场的一般形式，但从中也可以窥见弥生时代发达地区之一的山阴地方“祭祀”场的形态。假若将择地包括在内来思考绳纹时代的配石遗构，并将它看作广义上的“庭园”的话，那么，田和山遗址所体现的弥生时代的择地和造型，也应该视为广义上的“庭园”。

## ❷ 作为“庭园”的前方后圆坟

### 前方后圆坟的起源

弥生时代之后的古坟时代始于三世纪中叶，即出现堆土营筑首领阶层陵墓的大型前方后圆坟的时代。其后历经五世纪前的巨大前方后圆坟时代，至六世纪陵墓规模急剧缩小并普及了横穴式石室。一般认为，古坟时代结束于停止营造古坟的七世纪后半期至末期。以陵墓为标志的考古学时代划分的弥生时代与以首都的所在地为基准的飞鸟时代以降的时代划分，两者的立场并不一样。因此，六世纪末至七世纪，古坟时代就与飞鸟时代重叠在了一起。“石舞台古坟”被视作飞鸟时代的地方豪门苏我马子的陵墓，而“高松冢古坟”的墓主人可能是飞鸟时代末期的皇族或最上层的贵族。

三世纪中叶出现在大和盆地的前方后圆坟，地处埋葬设施的圆丘（圆锥形高地）与举行祭祀活动的方丘（方锥形高地）的接壤处。一般认为，它由弥生时代的坟丘墓发展而来，作为势力强大的首领的坟墓，规模巨大，实为权力强大的象征。与此同时，形状寓意着某种必然性，可以想像其中也引入了作为送葬礼仪场的“美”的观念。

奈良县樱井市的箸墓便是一个例子。它是最早期的前方后圆坟，坟丘长（坟丘纵向长度）27 米，前方尖端部分左右呈拨子形展开。《日本书纪·崇神天皇纪》称箸墓为倭迹迹日百袭媛命的坟墓,并记有箸墓的营筑传说:“此墓昼由人作,夜由鬼作。”可以想见,其营筑投入了难以计数的劳力。墓主人是个能够动用如此庞大劳力的权势者,一说为邪马台国女王卑弥呼或继承卑弥呼的壹与。而坟丘的周围见有人工开掘的低洼地,根据发掘调查确认曾存在旱桥(用于摆渡的土堤),因此,坟丘外围的一部分类似水沟。但就整体而言并非全为水渠所环绕,营筑当初的景观也不是现今这样的四周环濠、中央坟丘的所谓“前方后圆古坟”形象。

## 壕沟环绕的古坟

在最早壕沟环绕的前方后圆坟中,著名的有四世纪前半期营筑的行灯山古坟(崇神天皇陵,奈良县天理市)和稍后建造的涩谷向山古坟(景行天皇陵,奈良天理市)。这些古坟都建造在山坡上,开挖同一水平的壕沟时必须深挖海拔高的那部分土壤,这样就需要进行大规模的挖掘工程。为了减轻施工强度,又能使坟丘四周环水,采用了修筑分割壕沟的土堤、将水面分割成阶梯状的技法。因此,尽管水面呈阶梯状,但以水面包围坟丘四周的意图是十分清楚的。

四世纪末,诸如奈良盆地北部的佐纪盾列古坟群(奈良县奈良市)等在同一水平面上开挖的环壕宣告完成并趋于定型。这些古坟群包括建造于四世纪后半期至五世纪中叶的宝来山古坟(垂仁天皇陵)、uwanabe 古坟、hishiage 古坟(盘之媛命陵)等,都为坟丘长度超过 200 米的巨大古坟,并都以坟丘四周壮观的环壕而闻名。与这些奈良盆地的古坟前后呼应,在大阪平野上也建造了带环壕的古坟。早期的例子有津堂城山古坟(大阪府藤井寺市)等,而大仙古坟(仁德天皇陵,堺市堺区)规模最大,坟丘长度 486 米,建有双重或三重的环壕。带环壕的古坟,除去濑户内海沿岸的两宫山古坟(冈山县赤盘市)等,通常都建造在奈良盆地和大阪平野,即旧国名为大和、河内、和泉、摄津的地区。

关于环壕的意义,白石太一郎氏(考古学)这样解释道:“(它)象征大和、河内首领们作为灌溉王的本质,而这些小国构成了以水稻耕作为主的初期大和政权的中枢。”“这些首领又是农耕祭祀的司祭，发挥着确保丰富水源的巫术功能。”白石氏的解释很具有说服力，我再补充一句，这是因为水面与坟丘交织的景观美这种美意识在其中发挥着作用。堀口舍已氏（建筑史）对庭园情有独钟，他以前述的 hishiage 古坟等为例，指出它作为屋外的造型空间理应列入广义的庭园概念中。我慎重地再加一句，大多数坟丘整个地都用石块（“葺石”）覆盖，即所谓的“石之山”。这便是当时统治者阶层的美意识。

## 送葬舞台的美意识

埴轮是一种不施釉的陶器，并排竖立在古坟前装饰古坟。它被用于各地的古坟，从日本东北地区到九州地区。在六世纪以前的古坟中，作为一种庄重的象征物是必不可少的存在。埴轮分圆筒形的圆筒埴轮和模仿人物、动物、房屋等的形象埴轮，后者用于送葬时的祭祀等。

河内地区带环壕古坟的初期实例有前面提到过的津堂城山古坟，其环壕中设岛，岸边安置水禽形埴轮。另一处与津堂城山古坟营造年代相仿、建于四世纪末至五世纪初叶的巢山古坟（奈良县广陵町），被确定为大和地区大豪族葛城氏的首领墓，它是座长 220 米的巨大古坟。其前方部分的侧面环壕内有座岛，以摆渡用土堤连接坟丘，土堤上放置有房屋埴轮和水禽埴轮等（图 1－4）。这些水禽埴轮从其扁平的嘴巴来看，属雁鸭类，或许是以天鹅为模特的。发挥想像力的话，天鹅的形象或许如传说所言，是丧命出征途中的日本武尊化为天鹅、魂系大和，源于视天鹅为死者重生的信仰。这姑且不提，从环壕中岛岸边的水禽埴轮中可以感受到送葬仪式所体现的庄重和细腻的美意识。

而在巢山古坟放置水禽埴轮的岛中可以看出一种庭园式的设计。岛的规模，其底部南北长约 16 米、东西长约 12 米，西北部和西南部朝外突出。岛施以葺石，夹在南北突出部分中间的西面坡地岸边上，铺满了拳头大小的石块。可以说采用了与后世庭园中所见洲滨（在池岸边营造缓坡、铺满小石块的护岸手法）相同的方法。另在东南角和东北角竖立有装饰用立石。也就是说，作为带环壕前方后圆坟的巢山古坟，其细部中已出现与后世庭园相通的技法。

**图 1-4　巢山古坟　环壕内的岛(上)和岛上放置的水禽埴轮(下)**

话虽如此,却不好将它看作与八世纪奈良时代以降的作庭技法有着直接的联系,不得不说其中存在断层。因为这些作为营造庭园的技术,在谱系上不可能上溯三百年。不过,从中可以看出在同样风土下所培育的美意识八九不离十。

### 古坟时代有园池吗？

如上面所看到的，带环壕的前方后圆坟是基于某种美意识的屋外造型空间，可以将它列入广义庭园的范畴。其中还采用了开挖大规模环壕、营造坟丘这种高度发达的土木技术，有时包括与后世庭园和形态相通的洲滨和立石的技法。

根据《日本书纪》记载，崇神朝开凿有狭山池，应神朝开凿有韩人池，垂仁朝开凿有高石池等，仁德朝开凿有茨田池等，而履中朝开凿有磐余池等，这些都是用于灌溉的蓄水池。近年发掘调查表明，狭山池的开凿在七世纪初的推古朝。由此可见，这些池的开凿时期并非如《日本书纪》所记载的那样。尽管这样，随着农业生产水准的提高，古坟时代需要开凿大量的蓄水池用于灌溉。而前方后圆坟就是成功利用灌溉提高了农业生产水准的"灌溉王"的坟墓，其中援用开凿灌溉池的农业土木技术开挖了环壕，这样的思维极其自然。

那么，是否也有运用灌溉池的开凿技术营造飨宴和仪式的园池？有关前面提到的履中天皇的磐余池，《日本书纪》继履中天皇二年(401)十一月条中营造磐余池的记录之后，在同三年十一月六日条中见有磐余市矶池中泛舟的记录："天皇乘两只船泛舟磐余市矶池，与皇妃分乘游宴。"

如前所述，《日本书纪》记述的这个时代的可靠性有待考证，但就已具备营造带环壕的前方后圆坟这种最为先进的技术而言，在五世纪极有可能营造有园池。对首领宣示权威来说，是否需要用于飨宴等的园池或这个时代是否有过园池，关键在于有否这种营造技术。顺便提一下，飞鸟时代前的用明天皇(585～587 年在位)的宫殿磐余池边双槻宫便是选择在了磐余池畔，那个时代在《日本书纪》中虽无记载，但磐余池极有可能已具有作为园池的功能。

## ❸ 水边祭祀及其舞台

### 古坟时代的水边祭祀

作为古坟时代祭祀的一种形态是临水举行的"祭祀"(maturi)，

即水边祭祀。其实际状况尚不清楚，但从几处疑似作为祭祀场使用过的遗址和古坟中出土的特殊形状的埴轮等可以看出，它大致分为两种类型：一种是通过木制水管将水运至水槽等中进行的祭祀，另一种是身临由涌泉形成的流水旁进行的祭祀。在此暂且称前者为“水槽祭祀”，称后者为“涌泉、水渠祭祀”。两者都将祭祀对象的水作为神圣的东西，在这点上是相通的。在此先来看看水槽祭祀的事例。

南乡大东遗址（奈良县御所市）位于大和豪族葛城氏根据地区域的一角，此地发现的古坟时代中期即五世纪的遗构是整修小河川后形成的，在受河水冲击的部分等处铺石修筑蓄水池，从池中通过木制水管将水送至祭祀场。祭祀场是座罩子状的建筑物，位于四周用篱笆围起来的区域内，在这里木制水管和水槽合二为一组成一个大型的木制品装置，蓄积在水槽中的水经过木制水管流向下游。具体祭祀是如何进行的不甚了解，但这是一种首领主宰的重要祭祀当无疑问。从这是一处运用整修河川治水技术的设施，将河水引入屋内身临水边进行祭祀来看，让人容易联想起它是一种基于统治水的灌溉王性质的祭祀。在时间上稍晚于南乡大东遗址的神并、西之过遗址（大阪府东大阪市）中也见有同样的遗构。这里值得注目的是，在通向祭祀主要设施罩子状建筑物内的木制水槽这段百米长的引水途中，建有四座蓄水池，用铺石做出护岸。

第三个事例是东国榛名山麓的三寺Ⅰ遗址（群马县高崎市）。在这个遗址所发现的方形豪族宅邸环壕宽30～40米不等，周长约86米（图1-5）。难以置信这是古坟时代的住宅，规模大且井然有序，当为西北方向约一公里处营造有保渡田古坟群氏族首领的宅邸。祭祀的中心设施是宅邸南区西部所见的铺石遗构。这种铺石起到了水槽的作用，水从横跨西濠的水道桥流入宅邸内，再经过木制水管进入铺石的水槽中。这里祭祀的具体内容也不清楚，但为引水特地建造了水道桥，可以想像水是一种神圣的东西。

在以上所介绍的三个事例中，可以将南乡大东遗址和神并、西之过遗址的整个空间看作祭祀场庭园，包括从蓄水池到祭祀的中心设施——具备木制水管的罩子状建筑物。另外，在三寺Ⅰ遗址，

**图 1-5　三寺Ⅰ遗址　复原模型　方形宅邸中央附近的铺石为“水槽祭祀”场(埴轮故乡博物馆提供)**

将祭祀的中心设施——铺石遗构一带称为祭祀场庭园名副其实。

## 涌泉、水渠祭祀场

根据发掘调查，城之越遗址(三重县伊贺市)显现全貌，尤以涌泉、水渠祭祀场闻名。这个遗址位于古坟时代的交通要冲，是由统治此地、营造附近大型前方后圆坟石山古坟等的豪族营筑的。

在此，发现了营造于四世纪后半期的水渠(图 1-6)，水源来自三个涌水点(泉)并依次合流。北泉与中央泉之间以铺石施工，另在北泉有用于蓄积涌泉的板材水库状设施。源于中央泉和南泉水渠两岸的坡面也施以铺石，在这些水渠合流地点的突出部附近，集中配置高度 50 厘米左右的立石(本章标题页照片)。其上方高处有方形坛状区域。合流后的水渠再与来自北泉的水渠合流，合二为一流向西方，在其合流地点附近也见有阶梯状集中布置的石块。另外，在三条水渠依次合流过程中，在中央泉和南泉的合流水渠与北泉水渠之间，形成了椭圆形广场。

从水渠中出土有土师器(不施釉的陶器)、高脚陶器、小型圆底罐和刀剑形木器等大量的祭祀用具来看，这个形态特异的遗址无疑具有祭祀场性质。具体的祭祀内容只能凭借想像，夹在两侧水

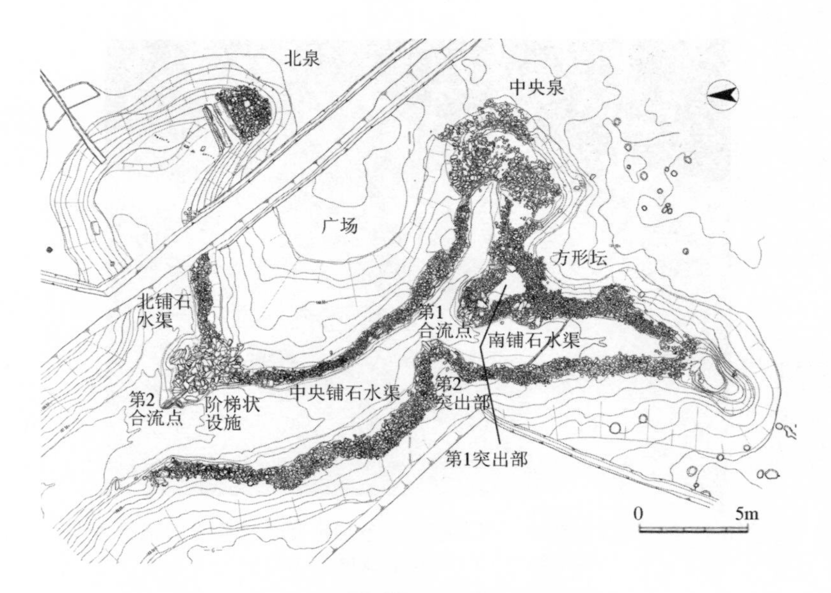


**图 1-6　城之越遗址遗构平面图**
**（引自《城之越遗址》，三重县埋藏文化财中心编辑）**



渠之间的方形坛状区域、椭圆形广场恐怕是祭祀进行的场所。作为祭祀专用的舞台装置，采用了在水渠里施以铺石、包括立石在内的石组设计。换言之，是水渠祭祀场营造了庭园。值得注目的是，这种设计让人想起后世日本庭园中的洲滨和石组；同时使人再次认识到屋外造型的庭园的出现，其前提条件是在功能上需要这种用于祭祀或仪式上的空间。

# 第二章　飞鸟的园池
## ——大陆传来的造园技术

在飞鸟的宫殿石神遗址发掘出土的方形池
（奈良文化财研究所提供）

朝鲜半岛自四世纪起进入高句丽、百济、新罗三国鼎立的“三国时代”。其中，最早与日本有持续交往的是位于朝鲜半岛西南部的百济。四世纪末至五世纪初，倭（日本）大规模军事介入朝鲜半岛，百济期待的便是日本的军事实力。

另一方面，在百济与日本的人员交流中，各种事物和文化随之传入日本。尤其到六世纪，输入了佛教以及天文学、建筑等对其后的日本文化产生重要影响的宗教、学问和技术。这些的传入都伴随人员的交流，因此其在日本的渗透和普及迅速而稳固。

先进的造园技术也是七世纪初从百济传来的。直至飞鸟时代的670年，用于日本宫廷仪式和飨宴的庭园所依据的便是百济的设计技术。新罗灭了百济和高句丽统一朝鲜半岛后，日本便从新罗输入庭园设计技术。本章通过文献及近年考古发掘调查的成果，来思考飞鸟时代吸收来自朝鲜半岛的庭园信息及造园的实况。

## ❶ 方形池、石像

### 须弥山与吴桥

崇峻天皇五年(592)，女帝推古天皇(592～628年在位)在飞鸟丰浦宫即位。据推测，现今的奈良县明日香村丰浦的向原寺附近为其遗址。其后定宫飞鸟地方，包括藤原时代在内截止平城迁都的和铜三年(710)，一般称为飞鸟时代。推古天皇十一年(603)，推古天皇将宫殿从丰浦宫移至小垦田宫，并于同十五年(607)派遣小野妹子作为遣隋使赴隋。这便是历史上有名的遣隋使，据说带去的国书所书"日出处的天子致书日没处的天子，别来无恙"激怒了隋炀帝。翌年，小野妹子伴随隋使节斐世清回国。同年八月三日，斐世清在小垦田宫谒见了推古天皇。就在日本外交史上十分重要的这座宫殿中，于四年后的推古天皇二十年(612)发生了一件日本庭园史上的重要事件。《日本书纪》是岁条(归纳记录一年的大事)中，记载了一个来自百济的相貌丑陋的男子，因为面相难看要遭驱逐，可那男子说他会作庭，于是被留在小垦田宫展示其造园技术。

> "臣有小才，能构山岳之形。其留臣而用，则为国有利。何空弃臣于海岛邪!"于是，听其辞而不弃。仍令其构须弥山之形及吴桥于南庭。时人号其人曰路子工，亦名芝耆麻吕。

来自百济的外来人路子工在小垦田宫的南庭营筑了须弥山像和吴桥，这一记载作为史实真实可靠，也是有关日本庭园的最早记述。所谓"南庭"即正殿南面举行仪式等的空地，顺便提一下，《日本书纪》推古天皇十六年(608)八月十二日条中，见有前述的斐世清带来的隋朝礼物放在"庭中"的记录，此指的应该就是南庭。

那么，"须弥山之形"和"吴桥"又是怎样一回事呢？须弥山是佛教世界观中居中心位置的山，不难想像“须弥山之形”是比拟须弥山像的造型。《日本书纪》齐明天皇三年(657)七月十五日条、同五年三月十七日条、同六年五月条中连续出现须弥山的记载。分别在“飞鸟寺西”“甘橿丘东川上”“石上池边”营筑须弥山并举行飨宴，从中还可以看出须弥山是作为飨宴场的临时构筑物而设置的。明治三十五年(1902)在石神遗址(参阅本章第21页)所发现的三个(本来应该是四个)构件组成的石造物可能就是须弥山像。根据这点来看，筑于小垦田宫南庭的路子工造须弥山像也应该是同样的石造物。而石造物是种坚固的构筑物，路子工营筑的须弥山像在齐明天皇(655～661年在位)时代被再次使用过。

那吴桥又是什么呢？《日本书纪》中在路子工的记录之后还有如下记载，同样来自百济的外来人中有个叫味摩之，他声称自己从吴国学会了伎乐舞，为此，让他教授少年们学习伎乐舞。这两个记录都出现了共同的地名“吴”，吴是中国三国时代与魏、蜀争霸的国家，指吴国领地的江南地区(长江下游南部地区)。从这点来看，吴桥可看作源于中国南部形式的桥。事实上，在隋统一中国以前的南北朝时代，百济与南朝诸国的交流十分频繁。结合须弥山像为石造物这点来考虑，这里所言的吴桥恐怕也是石造桥。

路子工在小垦田宫营筑的须弥山像和吴桥，与其说是庭园，不如说是庭园主要构成要素的石造物。不难想像，这些石造物都是以先进的技术造就的，使推古王朝的人们接触到了未知的文化，并为之惊叹不已。

## 古宫遗址的设计根源

二十世纪六十年代以前，飞鸟时代的庭园研究除前面所述的须弥山像等例外的研究外，都是基于对《日本书纪》和《万叶集》等文献史料的研究，因为没有其他引以为据的资料。但近年随着飞鸟地区考古发掘调查的进展，不断有庭园遗构的出土。飞鸟时代庭园的实际形态以前难以知晓，然这些庭园遗构却成了弄清其本来面貌的重要资料，对研究不可或缺。

形成古代宫城——飞鸟中心的是现今奈良县明日香村南起橘寺、北至雷丘一带(图2-1)。古宫遗址位于飞鸟中心区域西北部，从其建筑台基的土台可以认定是飞鸟时代的宫殿遗址。“古宫”的地名由此而来。昭和四十五年(1970)奈良文化财研究所发掘了这个遗址,证实土台为平安时代末遗构。

**图 2-1 飞鸟的主要庭园遗构**
**(在小泽毅氏绘制图上标示庭园位置)**

**图 2-2 古宫遗址 小池和水渠**
**(奈良文化财研究所提供)**

另一方面，发现了飞鸟时代埋立柱式建筑（不置基石，在地面挖个洞直接立柱）附属庭园（图 2 - 2），为南面的广场。原本这个广场铺满了石块，后增设卵形小池和始于小池的 S 形水渠。小池南北长 2.4 米，东西长 2.8 米，深 0.5 米，呈浅研钵状，东面堆积着河滩石，南面也堆积了河滩石，池底部、北面和西面也见有铺石。从小池西南角伸出的水渠宽 25 厘米，侧面叠石而底部铺石，自小池流出清水。不见供水渠遗构，推测是用竹或木制的水管供水。这种乍看奇妙的广场设计或许是源自百济的谱系，因为出土遗存中含有疑似百济谱系的十分稀罕的砖（瓦质的建筑材料）。不过，在百济尚未发现此类设计的庭园遗构。

说句题外话，我注意到这种设计是在平成八年（1996）造访中国新疆维吾尔自治区库车近郊的克孜尔石窟时，在 118 号窟的天井画中发现了类似设计的池（图 2 - 3）。这种天井画并非是根据特定的故事描绘的图画，只是将与佛教相关的种种图案画了进去。其中，除方形池外，还见附有水渠的卵形池。虽说四世纪的西域佛教遗址与七世纪的飞鸟园池之间很难存在直接的关系，但假若此池属为日本带来佛教的百济谱系设计的话，作为与佛教相关的设计或许存在某种关联。

**图 2 - 3　克孜尔石窟第 118 号窟窟顶后部**
**（引自《中国石窟·克孜尔石窟 2》，平凡社）**

## 岛庄遗址的方形池

奈良县明日香村的岛庄遗址被推测与七世纪苏我马子(?～626)的宅邸及在此基础上发展的岛宫(草壁皇子的宫殿)有关联。根据橿原考古学研究所的发掘,发现有圆内角方形(四角落稍圆的方形)的大池(图 2-4),土堤也为圆内角方形轮廓,宽约 10 米。此池边长 42 米,深度 2 米以上。以直径 50 厘米大小的河滩石垂直堆积形成护岸,底部铺满 20～30 厘米不等的河滩石。从出土遗存看,此遗址建造于七世纪初。

**图 2-4 岛庄遗址 圆内角方形池的护岸叠石和池底铺石**
**(橿原考古学研究所提供)**

七世纪初,在推古天皇的统治下,苏我马子达到了权势的顶峰。在《日本书纪》推古天皇三十四年(626)五月二十日马子去世的记录中见有如下记载:

> 飞鸟河旁建家,即在庭中凿池,而在池中兴小岛。故时人称其为岛大臣。

飞鸟川沿岸的马子宅邸中有小池,池中有小岛,因此人称马子为"岛大臣"。上述的圆内角方形池还未得到全部发掘,有否岛尚不知晓。另外,如此大规模的池称之"小池"尚存疑问。因此,此池是否就是《日本书纪》中所记马子宅的园池,既不能肯定也无法否定。

也有人认为，此池是蓄水池而非园池，不是用于灌溉而是作为城市设施的蓄水池使用。这是长年将飞鸟作为野外调查工作的河上邦彦氏（考古学）的主张。的确，从数千立方米的蓄水量来考虑，这个观点十分有理。不过，在此需要注意的是，即便它具有这种蓄水池功能，但从方形池所采用的先进技术，如护岸地表的叠石和池底铺石等来看，它很大程度反映了造景的要素，即基于当时美意识的园池的一个侧面。

## 石神宫殿的飨宴

坐落在飞鸟寺西北、旧飞鸟小学东面宁静水田地下的遗址，就是前面提到的石神遗址。奈良文化财研究所的发掘调查表明，这个遗址南北约 180 米，东西约 140 米，规划有建筑物。从其遗构和遗存来考虑，可以断定这个遗址为宫殿遗址。

石神遗址由东区和西区组成，其中，在伸长的廊状建筑物环绕的东区铺石广场，发现了边长约 6 米、深约 80 厘米的方形池（本章标题页照片）。方形池护岸的四隅放置有一定高度的石头，池边用河滩石叠三四层不等。池底黏土打底，上面撒铺小石。池底不见有积水痕迹的泥状物，也没有用于池子供水或排水的水沟。从这些来看，此池并非长年满水，而是在需要时，采用某种方法供水；不蓄水时，抽去水并打扫得干干净净。

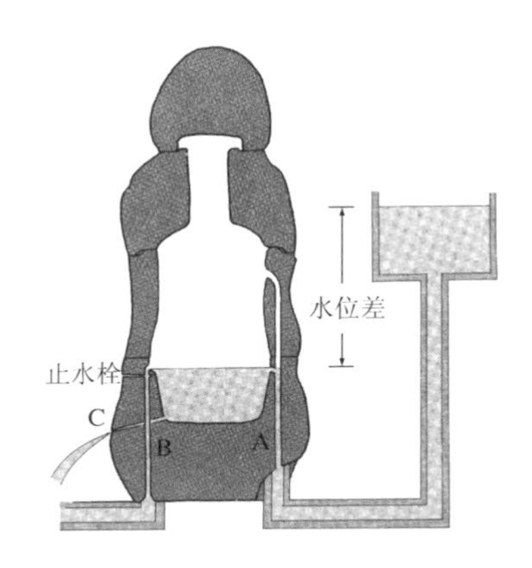


**图 2－5　石神遗址须弥山像（左）和石神遗址须弥山像的复原模式图（右）（奈良文化财研究所提供）**

在石神遗址也发现有类似须弥山像的石造物，其近旁还发现了石人像。现在这些都陈列在奈良文化财研究所飞鸟资料馆，石人像为异国风貌的男女像，背靠背地手拿酒杯。须弥山像也好石人像也罢，都不是单纯的石造雕刻，石头的内部都凿有精巧的细孔，以此作为喷水使用(图 2-5)。须弥山像中的细孔 0.5～1 厘米，即便使用现在的技术也是种做工困难、精湛高超的手工艺品。姑且不论这座须弥山像是否就是路子工当年营造于推古天皇南庭的原物，但石人像也应该是同路子工一样，由来自百济的外来人用他们的技术制作，这是毫无疑问的。

在这里，我想起了前面涉及过的《日本书纪》齐明天皇六年(660)五月条的如下记载：

> 石上池边作须弥山。高如庙塔。以飨肃慎四十七人。

所谓“肃慎”，原指中国北方异民族，此指居住在现今日本东北地区及北海道的人们。齐明天皇当时欲将东北地区纳入朝廷的版图，派遣阿倍比罗夫率领的军队平定了虾夷的肃慎人。因此，这一纪录中所谓宴飨肃慎不过就是一种臣服仪式。

这里的“石上池”很难断定就是石神遗址所发掘的方形池，但有其可能性。假若事实的话，在举行国家仪式的飨宴时，池中应该溢满水的。我们不妨对齐明天皇六年五月招待肃慎人的飨宴做一想像，在铺石广场中池水荡漾的叠石方形池畔，坐立着采用大陆传来的先进技术营造的喷水装置——须弥山像和石人像。在这人造的庭园空间里，不停地上演着石与水交织形成的梦幻般美景。对齐明天皇来说，没有比这人造庭园空间更能体现自己的小中华帝王形象，从而让周边的异民族臣服于他。

## 飞鸟京遗址苑池是禁苑?

明日香村岗可以说是飞鸟地区的中心，国家指定的史迹“传飞鸟板葺宫遗址”——飞鸟时代的宫殿遗址就坐落在这里。飞鸟板葺宫即以大化改新(645)之舞台而闻名的皇极天皇(642～645 年在位，后重祚即齐明天皇)的宫殿。根据近年的调查研究，此地曾建造过舒明天皇的飞鸟岗本宫、皇极天皇的飞鸟板葺宫、齐明天皇的后飞鸟岗本宫、天武天皇(673～686年在位)和持统天皇(687～697年在位)的飞鸟净御原宫,统称飞鸟正宫。其西北方即北流的飞鸟川东岸发掘出土有"飞鸟京遗址苑池"。发掘调查从平成十一年(1999)到十四年,由橿原考古学研究所负责实施,大致弄清了其全貌。假若袭用"古宫遗址""石神遗址"之类以地名命名的话,这个遗址应该称为"出水遗址"。而从橿原考古学研究所的发掘内容来看,也可以称作"飞鸟京遗址苑池遗构"。这里采用国家史迹名胜所使用的名称"飞鸟京遗址苑池"继续这个话题。

遗址规模庞大,中心苑池东西超70米,南北过200米,来往池中的土堤将池分为南池和北池,护岸除一部分外都采用叠石(图2-6)。其中,南池东西约60米、南北约60米。除东南边是直接利用弯曲的飞鸟川河岸段丘岗外,西南边和土堤南岸的东北、西北边都以叠石护岸,池底撒铺石头。南池见有各种精巧的设计。池的南端本来安置有称为出水酒船石的一组石造物,大正年间(1912～1926)移至他处。通过这次的发掘调查,弄清了这种石造物是安置在池中注水口旁的设施。很有可能是使用木制或竹制的水管,将水输往数米外高1.6米的石造喷水(图2-7)。另外,池的东南部有叠石的岛状隆起物,在池水溢满时仅露出一点点的表面。池的北部建有不规则曲线轮廓、叠石护岸的中岛,岛上残存有松树桩。

**图2-6 飞鸟京遗址苑池从中岛看到的南池**

**图 2-7　飞鸟京遗址苑池　南池的石造喷水**
**（阿男写真工房摄影，橿原考古学研究所提供）**

另一方面，北池的构造与南池风格迥异。分割南池与北池的土堤也向北延伸，连接占北池中央大部分的中岛。因飞鸟川泛滥，北池失去了其西部，具体构造只能凭借想像，推测北池沿大型中岛以水渠环绕。

从所出土的遗存来看，此池恐怕在齐明天皇时代与飞鸟岗本宫同一时期营造，并在天武天皇时代整修过。对照文献史料的话，多数学者认为《日本书纪》天武天皇十四年（686）十一月六日条中的“白锦后苑”、持统天皇五年（691）三月五日条中的“御苑”指的就是以此池为主的庭园。在出土的木简中，还包含有中药名的“西州续命汤”等，从中看出掘池建岛的庭园中还辟有药草园，甚至让人想像在庭园的一角，还饲养着齐明王朝从百济和新罗带来的骆驼、鹦鹉等珍禽奇兽。飞鸟京遗址苑池在理念上或许模仿唐朝禁苑，即皇帝专属的园林，是一座具有综合功能的庭园。不过，唐朝禁苑继承的是秦汉禁苑——上林苑谱系，而飞鸟京遗址苑池的营造由于禁苑相关信息的缺乏，其规模要小得多，不能同日而语。而且，池的构造和设计等也是袭用飞鸟时代以来的做法。

## 天皇祭祀的庭园

飞鸟正宫的东方，即飞鸟京遗址苑池相反方向有座丘陵，上面安置有著名的酒船石，这在飞鸟石造物中是个令人百思不得其解的石造物。以往的发掘调查表明，在这座丘陵上有人工环绕的叠石，丘陵自身也是由大规模版筑（将土层夯实后形成的土堆）造成的。这与《日本书纪》齐明天皇二年（656）是岁条中“于宫东山累石作垣”的记录相一致。因此，将丘陵和山麓一带的遗址称作酒船石遗址。

**图 2-8　酒船石遗址北麓的庭园遗址　铺石广场（上，笔者摄影）和琢石叠成的供水设施以及小金币形、龟形的石制水槽（下，明日香村教育委员会提供）**

平成十二年(2000),在酒船石遗址北部的丘陵北麓明日香村的发掘调查中,发现了史无前例的庭园遗构。在西侧用叠石、东侧用阶梯状叠石分割的铺石广场上,南北并置着小金币形和龟形的石制水槽,还设置有引水用砖状琢石叠成的供水设施(图 2-8)。其中,全长 2.4 米的龟形水槽上雕刻有脸、四足和尾巴,龟身部分盛水。石龟的加工技术娴熟,它同须弥山像和石人像一样,都是运用百济外来人的技术造就的。

这座庭园遗构营造于七世纪中叶,至七世纪末共整修过两次。就其性质而言,从其位置和极端封闭的空间或遗存状况来看,可以推定其为齐明天皇、天武天皇、持统天皇的时代持续举行仪式的祭祀场。单从遗构和遗存来看,尚不明白其祭祀的具体内容,但以某种形式使用了水是肯定无疑的。

在飞鸟时代,首都飞鸟的庭园被用作各种各样的飨宴和仪式场。另一方面,这座遗址也告诉我们日本庭园的早期功能是"祈祷"和"祭祀",并作为祭祀场庭园发挥着作用。而且在这种传统的祭祀场中,运用先进的外来技术制作的石造物作为舞台装置起着关键的作用,使我们窥见到了飞鸟人的美意识。

## 飞鸟庭园的三个特征

如前所述,我们大致考察了考古发掘的飞鸟时代的庭园,尤其是推古王朝至齐明王朝、天武王朝的主要庭园。从中我们可以看出,这些飞鸟时代庭园最具特征的构成要素有三个,即具有方形等几何平面的池、作为护岸的叠石和加工精巧的石造物。可以说这三个构成要素在后世的日本庭园中几乎都看不到,这是飞鸟时代庭园最为显著的特征。

追根寻源的话,它来自百济的设计的观点应该是可取的。首先是方形池,现今百济的最后首都——韩国扶余作为王宫一部分的官北里遗址中,发掘出了长方形池。同样在扶余的定林寺参道两旁也发现了两个长方形池,并进行了复原(图 2-9)。这些方形池规模较小,但都具有叠石的护岸。在飞鸟所发现的庭园遗构中,尤其是石神遗址的方形池与这些十分类似。而加工精巧的石造物,虽然在朝鲜半岛尚无出土的实例,但如《日本

**图 2-9　韩国扶余定林寺的方形池（整修后景观）**

书纪》推古天皇二十年(612)条路子工的须弥山和吴桥的记录所记载的，是由来自百济掌握先进技术的外来人引进的当正确无疑。

## ❷ 新罗的庭园信息

### 《万叶集》中的岛宫

持统天皇三年(689)四月十三日，皇太子草壁皇子去世。这对于持统天皇来说可谓痛悔之至，他原想好在天武天皇过世后禅位于自己的儿子草壁皇子。《万叶集》卷二见有悼念草壁皇子逝世的柿本人麻吕的长歌以及下级官吏的挽歌。其中有数首涉及草壁皇子宫殿——岛宫的庭园。

岛宫皇子地，放鸟入勾池，池鸟恋人目，从无潜水时。（卷二・一七〇）

皇子曾游岛，荒矶今不扫，从前草不生，而今长青草。（卷二・一八一）

矶浦回流处，石边踯躅花，花开盈路侧，不见只空嗟。（卷二・一八五）

“勾池”意为平面曲折的曲池，“荒矶”“矶浦回流”是指模拟海滨风景，从这些表现手法来看，完全体现不出前节所归纳的飞鸟时代庭园的三个构成要素，即具有方形等几何平面的池、作为护岸的叠石和加工精巧的石造物。曾有人认为前述的岛庄遗址边长42米的大型方形池是岛宫庭园的“勾池”，但过于勉强。这些和歌所体现的倒是现今我们认识的日本庭园自然风景的庭园景色。根据以往的发掘调查，尚未找到能够特定和歌所歌咏的庭园遗构，但还是可以认为在岛宫存在过以自然风景为主题的庭园。虽说如此，在前述的三要素为宫殿和贵族宅邸庭园设计基础的时代，假若出现过此类庭园，想必一定有其重要理由。

## 与新罗的关系

在这里需要考虑的是与新罗的关系。新罗在天智天皇二年(663)白村江战役中配合唐朝，打败了日本和百济的联军，其后与唐朝一起灭了高句丽，统一了朝鲜半岛。但不久，新罗与唐朝关系紧张，出于牵制唐朝的目的试图修复与日本的关系。其结果，自天智天皇七年(668)以来，来自新罗的遣日本使和日本的遣新罗使往来频繁。

在新罗的首都庆州遗留有不少七世纪的庭园遗构。其中雁鸭池为大型庭园，根据发掘调查已弄清了其全貌并得以整修复原(图

**图 2-10　韩国庆州的雁鸭池(整修后景观)**

2－10）。顺便提一下，雁鸭池是后世的名称，原本是东宫即皇太子的宫殿及其庭园，具有后述的禁苑的性质。查阅十二世纪编纂的古朝鲜历史书《三国史记·新罗本记》，在文武王十四年（674）二月条中有“宫内穿池造山，种花草，养珍禽奇兽”的记载。从描写有种植奇花异草、豢养珍禽怪兽来看，这座庭园以炫显帝国版图而营造的唐朝禁苑为蓝本，这种意识十分强烈。在文武王十九年（679）二月条中有“重修宫阙，颇为壮观”的记载。

实际上在雁鸭池的发掘调查中，出土了“仪凤四年”铭的瓦片。仪凤四年为唐历，即公元679年，新罗文武王十九年。也就是说，与《三国史记》的记述完全一致，此瓦片证实了现在的雁鸭池营造于674年，并在679年整修过。

## 是否雁鸭池的影响？

说到674年或679年，正是日本与新罗关系修复后六年至十一年这段时期。在日本是天武天皇的时代，就天武王朝而言，新罗是个朝贡国。天武王朝肯定会获得新罗的禁苑营造信息，不会不规划同样设施的建设。这恐怕就是前述的天武天皇对飞鸟京遗址苑池的改建。虽说如此，但此项改建说到底还是以齐明王朝营造的庭园为基础，因此采用的基本是以往百济谱系的飞鸟作庭手法。

而雁鸭池的设计与百济谱系的作庭手法截然不同。倒L字形为主的大型园池东西约200米、南北约180米，西岸和东岸池岸线（池的轮廓线）呈直线型，而北岸和东岸多凹凸曲折，池中三岛平面也不规整。护岸大致以加工成直方体的琢石为主叠砌而成，而北岸和东岸、岛在琢石叠砌之上加叠自然石，并将自然石用作景石（增添庭园景色的石头）。

在传入雁鸭池详细信息后，吸收雁鸭池先进的庭园设计营造的便是前述的岛宫。假若营造是在草壁皇子被立为太子的681年的话，那这种观点不会大错。与飞鸟时代以往的庭园比较，采用雁鸭池设计的岛宫庭园几乎就是自然风景式庭园，怪不得低级官吏歌咏其为“勾池”“荒矶”“矶浦回流”。遗憾的是，至今尚未发现岛宫庭园的遗构。但是，它肯定在明日香村岛庄的周围，静静地等待着从长眠中苏醒的那一天。

## 飞鸟正宫的曲池

平成十五年(2003),橿原考古学研究所在飞鸟正宫中心区的"内郭",发掘了平面不规整的曲池(图 2-11)。曲池位于埋立柱式建筑(正殿)的西面,是个东西 12 米、南北 7 米大小极浅的池子,从池底到岸边铺满了碎石。正殿东西两侧原建有左右对称的建筑物,拆除西侧的建筑后开凿了水池,最终填埋是在飞鸟正宫废止时。综合这些来考虑的话,此池营造于天武天皇、持统天皇的飞鸟净御原宫时期,一直存续到宫殿废止。飞鸟净御原宫时期的内郭,其性质即为天皇的居住空间。从这点来看,此池的营造可能具有天皇自身享用的私密空间的意味。

**图 2-11　飞鸟正宫的曲池**

即便如此,此池在设计上与前述所发掘的飞鸟时代庭园迥然不同,但也并非说所发掘的飞鸟时代庭园中全然没有平面不规整的曲池。例如,宫泷遗址(奈良县吉田町)和中之庄遗址(奈良县宇陀市)所发掘的池子。不过,这些水池营造在远离飞鸟的名胜地离宫,护岸不专用石头等,而是采用自然生长的野草等围堵的所谓"植草护岸"的方法,与飞鸟园池的做法在性质上不一样。

那么,此池的设计是天武天皇或持统天皇时期的独创吗?不是完全没有这种可能性,但我还是认为它来自这一时期有过频繁交流的新罗的设计。这是因为，在韩国庆州的新罗王京遗址发现了十分类似此池形状的池子（图 2-12）。新罗京遗址的水池尚不知其正确的开凿时期，不能断定是否与飞鸟正宫此池营造的先后关系，但新罗存在这样设计的园池却是一个不争的事实，从飞鸟时代日本庭园的实际状况来看，以这种水池为蓝本是十分自然的。

**图 2-12　韩国庆州新罗王京遗址的庭园遗构**
**（上图为全景，下图为局部）**

拆除正殿旁的建筑物，开凿飞鸟正宫的池子，让人感受到飞鸟人对这种设计的水池的好尚，也就是美意识。

# 第三章　平城京的庭园文化
## ——日本庭园设计的起源

平城宫的飨宴设施——东院庭园(整修后景观)

当被问及独具日本样式的“日本庭园”的设计始于何时这个问题时，多数人会想到平安时代。因为平安时代中期确立了从唐风蜕变而成的国风文化，诸如铺板的寝殿造住宅、使用假名文字的文学、描绘日本风景和风俗的大和绘等。

然而，对于日本庭园的起源问题，答案应该是奈良时代。飞鸟时代运用百济、新罗即朝鲜半岛的庭园设计和技术营造了宫殿庭园，飞鸟末期日本又从唐朝直接获得园林的相关信息。与和铜三年(710)的平城迁都如出一辙，庭园设计也全盘唐风化。平城迁都自身就是模仿唐都城长安，从这点来看庭园的唐风化可谓水到渠成。

即便如此，奈良时代的庭园并非是在飞鸟时代庭园，尤其是来自百济的影响下营造的“直接输入型”庭园，而是在设计上努力做到具有自身的特色。经过近40年的发掘调查，我们逐渐弄清了奈良时代庭园的真相。本章将在此基础上，结合《续日本纪》和《万叶集》等记载的丰富的史料信息，梳理奈良时代，尤其是都城平城京的庭园文化。

## ❶ 平城宫、平城京的庭园设计

### 平城迁都

和铜三年（710），都城从奈良盆地南部的藤原京迁往北部的平城京，距今约一千三百年前。在《续日本纪》和铜元年（708）二月十一日条“迁都诏书”中有如下记载：新都平城京的地势“适四禽图，作三山镇，并从龟筮。宜建都邑”。平城之地就各方位的地形地物而言，具备了青龙、朱雀、白虎、玄武之四神；在三山的镇护下，龟卜、筮竹的占卦都为吉相，适合建设都城。迁都的理由有多种，其中，近年较为权威的是小泽毅氏（考古学）的观点，即迁都是模仿唐京城长安（现今中国陕西省西安市）的京城建设。

自天智天皇二年（663）白村江战役以后，日本与唐朝断交，天武天皇时代规划的藤原京建设是在缺乏唐京城长安的相关信息的情况下进行的，因此，无奈以中国经典《周礼》中的理想都城为蓝本，采用了在京城都市的“京”的中央位置设置由宫殿和官署组成的“宫”样式。但在大宝二年（702），时隔约四十年正式派遣了以粟田真人为执节使的遣唐使，他在庆云元年（704）回国时，带回了唐朝各个领域的最新信息。其中，当然包括唐京城长安和洛阳（现今中国河南省洛阳市）都市规划的信息，朝廷因此发现这些都市规划与藤原京存在差异，于是开始了模仿长安的新都建设……

以上是小泽观点的概要。同样在天武天皇时代，虽然还处于与唐朝断交的时期，但已开始效仿唐朝律令以完备自身的法律体系，并最终制定了大宝律令（大宝元年/701）。过此不久，朝廷排除万难，优先修正了京城形状中与唐朝不一致的地方。

新都平城京建成后，律令制的政治体制、社会制度得到完善，与之配套的仪式和飨宴在政治上发挥了极其重要的作用。从《续日本纪》多处的记载中可以看出，平城宫重要的仪式都放在大极殿院等中心殿舍区域举行，包括庭园在内的区域作为天皇举行仪式和飨宴的场所占有重要的位置。另外，平城京上层贵族的宅邸中还营造有庭园，汉诗集《怀风藻》和《万叶集》中常见有将庭园当作飨宴场使用的记载。在这里先介绍考古发掘探明的平城宫遗址和平城京遗址的主要庭园遗构(均位于奈良县奈良市)。

## 考古发现的平城宫庭园

平城宫为南北、东西均约一公里的正方形遗址，加上东边突出的长方形部分。作为特别史迹，现整个区域被指定为保护对象，这在日本可谓屈指。在此遗址中，发现了数座奈良时代的庭园遗构。

通过对平城宫西北部现今佐纪池的发掘调查，弄清了此池营造于奈良时代。它的开凿利用了平城宫西部原有贯穿南北的山谷地形。曲池的平面不规整，池岸呈缓坡状，洲滨铺满小石块，池岸线附近置有作为景观石的自然石。在佐纪池南方，贯穿南北建有两栋大型的埋立柱式建筑物等。据《续日本纪》天平十年(738)七月七日条记载，在大藏省观赏完相扑的天皇幸临西池宫，曾指着宫殿前的梅树命令随行的文人道："在春天里就一直想来看这里的梅花，可没能成行。现在虽花季已过，但请爱卿们想像花开的情景咏歌赋诗吧。"推测大藏省位于平城宫北边，从这记录也可看出，包括佐纪池已发掘园池在内的宫殿区域即西池宫大致不会有错。

在平城宫遗址的西南部、平城宫南面西门若犬养门的北方，发现了在木桩上绑水平构件用作拦水栅的曲池。此曲池同佐纪池一样，也是利用山谷下游地形营造的。对照文献史料的话，《续日本纪》天平宝字六年(762)三月三日条所记曲水宴(参阅本章第47页)中"宫西南的池亭"之池应该指的就是这座曲池。

在平城宫北部，即推测为大膳职遗址区域，也发掘有曲池。此池掘地造池，南北17米、东西18米，深约80厘米。池底不见铺石，岸边也没有叠石，护岸简易，只见杂草等。大膳职为管理宫中食物以及仪式时官吏进餐等的官署，从其职能上看，此池也有可能是防火水槽。假若这样的话，用于防火的池子特地做成曲池，这反倒十分有趣。可以说其中不乏作为景色供人欣赏的园池作用。

## 揭开神秘面纱的东院庭园

昭和四十四年(1969),奈良文化财研究所在平城宫东面突出部“东院”的东南角发掘出土了奈良时代完整的庭园遗构。根据其所处位置,称它为“平城宫东院庭园”或“东院庭园”,经过其后数次的发掘调查,弄清了庭园的全貌。发掘报告表明,以中心池的大规模整修(770 年前后)为界大致可分为两个时期,整修前庭园称前期东院庭园,整修后庭园称后期东院庭园(图 3-1)。引述可能有些

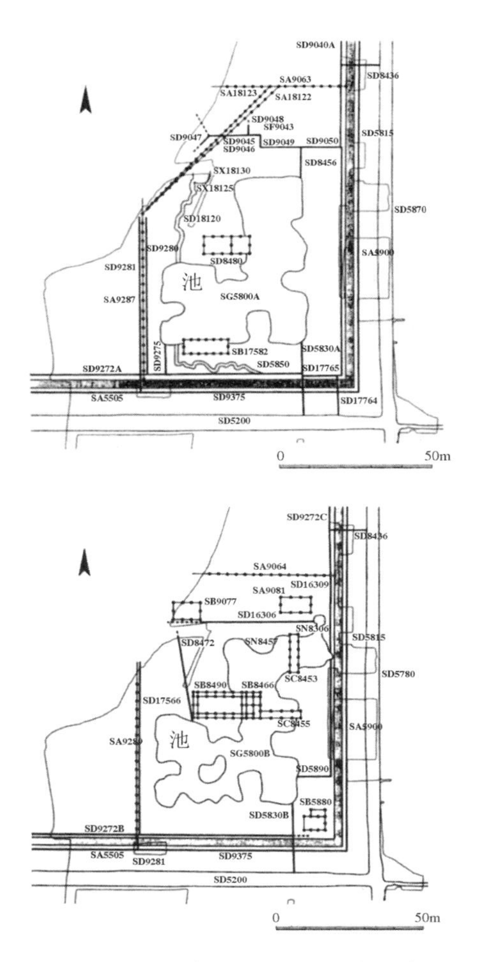


**图 3-1 前期东院庭园(上)和后期东院庭园(下)**
**(引自《古代庭园研究Ⅰ》,奈良文化财研究所)**

繁琐，但因为东院庭园在日本庭园的历史上占据重要位置，接下来详细记述其发掘调查的成果。

推定前期东院庭园营造于养老年间（717～723），南北 100 米、东西 80 米。园池自南呈反 L 字形，中间有凹凸处，形状比较单调，池大小南北 60 米、东西 50 米。池的护岸混合有多种做法，有叠石的部分、竖石并立的部分，还有洲滨从池底延伸到护岸的部分。沿池岸线的池底一部分铺满直径 30～50 厘米表面平整的石块，或许是考虑到透过池水观赏的一种设计。顺便提一下，池水深 40 厘米左右，池水自东北部引入，从西南部排出。

前期东院庭园特别引人注目的设施是在庭园西北部和池南部所发现的曲折的水沟。西北部曲折水沟的流水蜿蜒着由北向南流淌，注入池西部北岸。水沟长约 19 米、宽 70～80 厘米，池底铺满表面平整的石块。水沟的两侧采用竖石并立的做法。而南部的曲折水沟以池南岸西部为起点，自西向东延伸约 37 米，与庭园南限夯土墙下的雨水沟汇合。宽一米内外，同西北部的水沟一样，用表面平整的石块铺底，还发现部分小于底石的侧石。作为前期东院庭园时期的建筑物，有池北部西岸置基石建筑和池南部西岸埋立柱建筑，两者都临池而建。



## 结构复杂的后期庭园

再来说说后期东院庭园。作为庭园中心的池在改建后，其规模与前期东院庭园没有大的变化。池北部南北宽约 10 米，所不同的是向东扩张了约 10 米。但另一方面，池的设计发生了很大的变化（本章标题页照片）。原来比较单调的池平面变得复杂，出现了半岛、岬角、港湾等，池底除东北扩张部分外，全都铺满小石块，直径数厘米到十数厘米不等。护岸也采用洲滨手法，顺着斜坡铺设小石块。池西南部新增中岛。池岸线附近，尤其是半岛、岬角等主要地点安置景石，增强庭园景色。特别值得一提的是北岸半岛上设计的石组（图 3－2）。由二十数块一米左右的石块组成的石组，设计严谨，技术精湛，极富有力感。森蕴氏（庭园史）指出这组石组与正仓院御物中表示山水的木制工艺品“假山”存在相似之处。

池水较浅，最深处不过 30 厘米左右。池水在东北扩张部自北

**图 3-2　后期东院庭园　北岸的石组(奈良文化财研究所提供)**

引入,同时东北扩张部的泉水也成了其水源。前期庭园的排水是从池西南角的明沟排出,而后期庭园的排水则从池东南角的木制暗沟排出。

后期庭园的建筑根据时期的不同,有所变化。在最为完整的时期,池北部西岸为埋立柱建筑,庭园东南角为二层楼阁,池北方高处平地上东西并排建有两栋埋立柱建筑。临池埋立柱建筑附设有凉台,从凉台至池东西架设有平桥,池东北部南北架设有拱桥。

东院庭园的考古发掘,还对池上层堆积土中的树枝和果实等植物遗存进行了调查。其结果表明,在后期东院庭园极有可能种植过红松、日本扁柏、梅、桃、楝树、麻栎,还有可能种植过柳科、樱、山茶、杜鹃花科等植物。

## 东院庭园的文献史料

东院庭园的发掘调查在揭示奈良时代的庭园真相方面,取得了诸多成果。那么,文献史料方面,是否也存在与东院庭园相关的记录呢? 翻开《续日本纪》,有几处看似与东院有关的记载,其中的一项值得注意。即神护景云元年(767)四月一日条的如下记载:

东院玉殿新成,群臣毕会。其殿葺以琉璃瓦,画以藻绘纹。

所谓琉璃瓦，即施以绿釉等釉子的瓦。实际上，在东院庭园的发掘调查中，发现了包括沟滴筒瓦五枚、沟滴板瓦十枚在内的三彩或绿釉的瓦。由于所发现的瓦数量少，因此推测玉殿不是建在东院庭园区域内，而是造在其附近的某一区域内。有学者指出，具体宫址有可能是现在的宇奈多理神社一带，它邻接东院庭园的西北面。

令人关注的还有《续日本纪》宝龟年间(770～781)的记录。

> 初，专知造宫卿从三位高丽朝臣福信造杨梅宫。至是宫成。……是日，天皇移居杨梅宫。(宝龟四年二月二十七日)
>
> 杨梅宫南池生莲，一茎二花。(宝龟八年六月十八日)

称德天皇(764～770年在位)于宝龟元年(神护景云四年/770)八月驾崩，之后即位的光仁天皇(770～781年在位)为天智天皇直系孙，是实施平安迁都之桓武天皇的父亲，光仁天皇取代了持续了约百年之天武天皇谱系的天皇。杨梅宫是光仁天皇新建的宫殿，从《续日本纪》的记载以及《和州旧迹幽考》(江户时代前期大和国的地志)中称宇奈多理神社为杨梅天神的记载来看，杨梅宫建于宇奈多理神社周边，因此沿袭了东院玉殿。这种观点比较具有说服力，假若属实的话，宝龟八年(777)六月一日条所见"杨梅宫南池"自然就可看作是后期东院庭园的水池，池中种着莲花。后期东院庭园的池底铺满小石子，仅仅东北扩张部不铺小石子，或许种植莲花的就是这个部分。

如前所述，比较东院庭园前期和后期，其设计可谓旧貌变新颜，并进行过大规模改建。那大规模改建发生在什么时期呢？在后期东院庭园东南角排水沟所发现的木简上记有天平神护二年(766)的年号，若以此为依据的话，大规模改建与神护景云元年(767)竣工的东院玉殿的营造前后呼应。在宝龟四年(773)竣工的杨梅宫的营造之际，进行过建筑物的改扩建。

总而言之，后期东院庭园除平面上看到的曲池外，还运用了洲滨、石组、景石等设计手法。值得一提的是这些手法都已达到了炉火纯青的水准，并为后世日本庭园所继承。也就是说，这种庭园设计在奈良时代后期已完全定型。

## 平城京内的公共飨宴设施

一千二百年以前奈良时代的庭园遗构,保存完好的是平城京左京三条二坊六坪(“坪”为边长120米前后的区划)出土的“宫遗址庭园”(图3-3),它与平城宫东院庭园齐名。左京三条二坊附近离平城宫较近,是上层贵族宅邸林立的地区,因而被推测为上层贵族的宅邸庭园,发掘调查中也出土了与平城宫相同的瓦片。从这些事实来看,这是一处设在平城宫外的公共飨宴设施,“宫遗址”庭园因此而得名。

**图3-3 平城京左京三条二坊宫遗址庭园(奈良文化财研究所提供)**

庭园的营造自天平末年(749)至天平宝字年间(757～764)。庭园的中心是六坪中央部呈蜿蜒流水状的水池,其大致沿袭此地原有的浅水渠,以黏土打底,上面铺石营造。同时在池西方建埋立柱建筑,之后改建成置基石的建筑。下面来详细叙述所出土水池的设计手法。

池宽2～7米、总长55米,流水曲折平缓,水深20～30厘米,较浅。池底铺直径20～50厘米不等的扁平石块。池岸线沿所铺底石边缘排列卵石,在卵石外侧使用与池底同样的扁平石块做成平缓坡度的洲滨。在池岸线的五处和洲滨外侧的四处见有石组，池中三处各竖一块石头做成岩岛。池底两处设有斗状木框，估计是培植水生植物用的木框。池的供水来自设在池西北方的水井，通过埋设在池北端的木制暗渠引入池中。具体构造是，由木制暗渠输送来的水经过设在池北侧的池水净化用的小池净化后，再注入池内。

从采用卵石修饰池岸的手法来看，池形状是经过精心设计施工的。水野正好氏（考古学）认为池模仿龙的形状，池北是龙头。高山暹治氏指出池缩小并模仿了宫泷附近的吉野川的形状。另从池的堆积土中还出土了黑松（球果）、桃（核）、梅（核）、楝树（核、种子）等植物遗存，其中，黑松极有可能是种植在庭园内的树木。

## 平城京的贵族庭园

除以上所述宫殿相关的庭园外，经过发掘调查确认，在平城京及其周边还有十数处建在贵族宅邸和寺院等的奈良时代庭园（图 3－4）。在这里，介绍其中几座建于奈良时代初期的典型庭园。

第一座是平城京左京一条三坊十五、十六坪的庭园遗构。它是在建设连接京都与奈良的 24 号国道的迂回道路前进行的发掘调查时被发现的。此地大致位于平城京的北端，距离平城宫较近，背靠平城山丘陵，远眺平城京南方和西方，是处不可多得的高档地段。

发掘出土的是曲池和水沟，曲池是利用原此地前方后圆坟的环壕改造的，东西 18 米、南北 10 米；沟是用作引水渠的无叠石护岸的水沟。池利用古坟的葺石将坟丘坡面营造成缓坡状的洲滨，池岸线配置两组由三块景石组合的石组。从出土的遗存来看，此池营造于平城迁都后不久，在神龟年间（724～729）废止。也就是说，洲滨和石组的技法在奈良时代初期起就开始使用。而仅仅在这十数年间就用于贵族宅邸，从这种特异性和注重景观的择地环境来看，有观点认为这是长屋王的佐保楼，它出现在《怀风藻》的多首汉诗中。长屋王是天武天皇之孙，曾任右大臣、左大臣，是奈良时代初期掌握重要权力的最上层贵族，神龟六年（729）被告发企图颠覆国家罪而自杀，

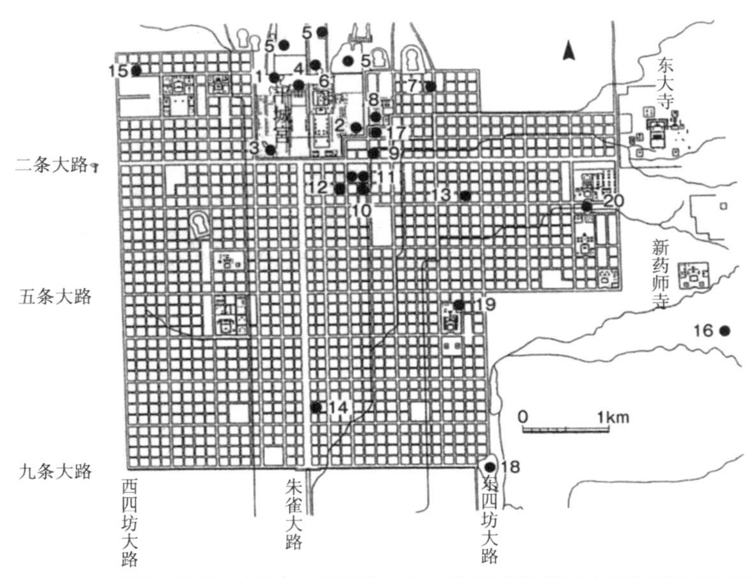


**图 3-4　平城京遗址主要的庭园遗构(在小泽毅氏绘制图上标示庭园位置)**

1 西池(佐纪池)　2 东院庭园　3 宫西南池　4 大膳职　5 松林苑　6 平城宫北边　7 左京一条三坊十五、十六坪　8 法华寺境内　9 左京二条二坊十二坪　10 宫遗址庭园(左京三条二坊六坪)　11 长屋王邸(左京三条二坊二、七坪)　12 左京三条一坊十四坪　13 左京三条四坊十二坪　14 左京八条一坊三坪　15 传称德天皇山庄　16 白毫寺遗址(高圆离宫)　17 阿弥陀净土院　18 五德池　19 杉山古坟(大安寺境内)　20 猿泽池

(注)1～4 在平城宫遗址内　5 右侧和中央以及　18～20 遗存在地面(但未发掘)

人称悲剧宰相。

第二座是左京三条二坊二坪的庭园遗构。此地原为长屋王邸西南角的一部分,长屋王邸在奈良时代初期占据左京三条二坊一、二、七、八坪,总共四坪即六万平方米的广阔土地。庭园遗构的时期与此地为长屋王邸的时期相吻合。所发现的是园池北岸部分的遗构。虽然全貌尚不清楚,但发掘出土有铺满小石块的完整洲滨,佐证了洲滨技法自奈良时代初期就已使用(图 3-5)。此外,在长屋王邸东南部的七坪也发现了以不叠石水沟为主的庭园区域。另

在长屋王邸的发掘调查中，出土了记有宅邸内饲养过仙鹤的木简，或许在宅邸的庭园一角真的有过仙鹤。

**图 3-5 长屋王邸遗址园池所发掘的洲滨**
**（自左下朝中央上方呈带状延伸）**

## 奈良时代的庭园设计

以上介绍了在平城宫遗址及平城京遗址所发掘的若干座奈良时代庭园遗构的情况。这些庭园的设计与前一章看到的飞鸟时代庭园全然不同。就整体而言，飞鸟时代的庭园最具特征的构成要素有三个："具有方形等几何平面的池""作为护岸的叠石""加工精巧的石造物"。反之，在奈良时代演变为"具有不规整平面的池""以洲滨为主的园池护岸""使用不经加工的自然石作为景石或石组"。

而且，如平城宫的西池（佐纪池）、传长屋王佐保楼庭园等中所见，这些庭园设计手法自奈良时代的初期就已使用。确实，到飞鸟时代末期，根据来自新罗的信息，飞鸟正宫庭园遗构（参阅第二章第 30 页）就已引入曲池、洲滨的设计手法。但是，奈良时代骤然盛行的"曲池""洲滨的护岸""自然石的景石、石组"的设计手法并非其发展形态，而是基于新近传入的唐朝园林设计手法的信息而开启的。这种观点应该是实事求是的。

## 唐代宫殿园林及其信息

如前所述，以粟田真人为执节使的遣唐使于庆云元年（704）回国，带回了唐朝种种新的信息，其信息很有可能是促使平城迁都的原因。

在庭园设计方面，真人带回的唐朝最新信息应该具有决定性的影响力。那当时唐朝的宫殿园林是怎样一种设计呢？让我们浏览一下考古发掘的洛阳上阳宫遗址中园林遗构和长安太液池的设计。

洛阳的上阳宫是唐朝上元二年(675)高宗营造的宫殿。中国社会科学院考古研究所对其园林遗构实施了发掘调查，根据其发掘报告，所探明部分的园池呈不规整的宽幅水沟状，其护岸分自然石叠石部分和卵石护岸(在缓坡的岸边铺满卵石，是与洲滨相同手法的护岸)部分，以岸边为主配置太湖石(中国江苏省太湖出产的形状怪异的石灰岩)等自然石的景石(图 3－6)。而太液池是附设于长安大明宫北侧的园林，其营造时期不存确切的记录，但推测建于建造大明宫的贞观八年(634)至龙朔三年(663)之间。太液池由不规整的东西两池组成，其中大的西池东西 484 米、南北 310 米，深 4～5 米，是个大型曲池，其东北部配有被称为蓬莱岛的中岛。根据近年中国社会科学院考古研究所和奈良文化财研究所联合实施的发掘调查表明，除西池蓬莱岛外，北部还发现有一处中岛。在园林设计上，蓬莱岛南岸有自然石的景石、洲滨状护岸、蜿蜒的水渠等等，这些令人回味(图 3－7)。

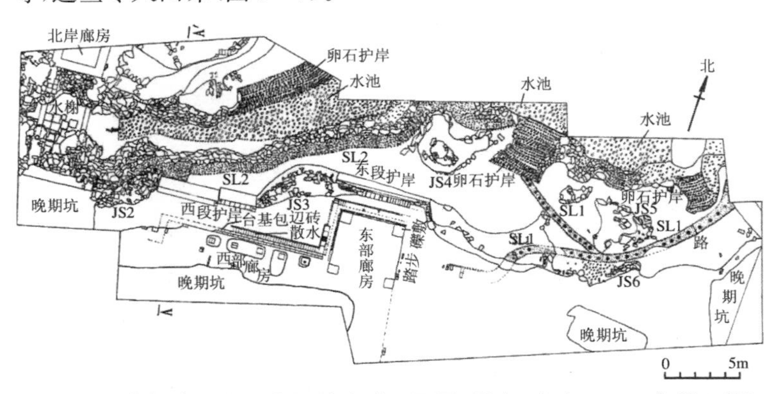


**图 3－6　唐朝洛阳上阳宫园林遗址平面图(引自《考古》1998 年第 2 期)**

无论是上阳宫遗址园林还是太液池，在粟田真人等遣唐使一行造访唐朝时，其形象都是壮观雄伟的。尤其是太液池，粟田真人等人在大明宫谒见则天武后，都亲眼见过其壮美。粟田真人带回日本的信息中当然也包括庭园的内容。于是，根据这些信息，在平城迁都的同时，平城宫庭园或平城京贵族宅邸等的庭园中也大

图 3-7　唐朝长安大明宫太液池　蓬莱岛(引自《考古》2003 年第 11 期)

图 3-8　楼阁山水图(引自《长屋王宅邸与木简》,吉川弘文馆)

规模地引入了以唐朝园林为范本的设计手法。

在此需要留意的是,所依据的是耳闻目睹的有关唐朝园林信息的记录、各种相关的诗文或绘画等图像资料(图 3-8 为平城京二条大路遗址出土的木简,摹绘的是唐朝绘画),并非从唐朝有作庭工匠来到过日本，这与飞鸟时代来自百济的外来人直接从事作庭有很大不同。因此，奈良时代庭园的设计手法也并非唐朝园林的翻版。例如洲滨，平城宫佐纪池和长屋王宅邸（平城京左京三条二坊二坪）园池等的洲滨与洛阳上阳宫的卵石护岸有异，没有采用井然有序地铺设同样大小石块的手法。也就是说，奈良时代的庭园设计虽然在理念上模仿唐朝园林，但在具体做法上一开始就注重日本自身独特的手法和细部设计，可以说后世所谓日本庭园特有的美意识早在此时就已孕育萌发。

## ❷ 律令制度下的庭园

### 作为飨宴场的庭园

上一节主要叙述了考古发掘确认的庭园设计手法及其渊源，也涉及了包括庭园在内的区域用于飨宴场的事例。下面从文献史料角度予以进一步的确认。

律令制下的奈良时代，作为政务或仪式的重要活动，除立后、立太子、任命大臣等应时举行的公事外，每年有例行的节日。一月一日元旦、一月七日观赏白马、一月十六日踏歌、五月五日端午、七月七日七夕、九月九日重阳、十一月尝新等，都源自中国。在举行公事或庆祝节日时，要召集臣下举办宴会，称为节宴。作为节宴的场所，多使用南苑、松林苑等附设有庭园的区域。

南苑在《续日本纪》初见于神龟三年（726）三月三日条，是圣武天皇（724～749 年在位）时代出现的庭园区域。从其含有“苑”字来看，应该是包括庭园的区域。十数次的记载多指节宴，在天平十九年（747）五月五日端午节宴上，天皇观看了骑马射箭和赛马。此外，授勋仪式、诵读《仁王经》等也在南苑举行。

南苑究竟在平城宫的何处尚无定论，小泽毅氏从其名称推测其位于皇太子居所东宫南面，即包括东院庭园在内的平城宫东突出部分的南部一带。根据其推测，上一节所介绍的前期东院庭园一带即为《续日本纪》所记举行飨宴的场所。东院的飨宴记录在孝谦天皇（称德天皇，749～758 年在位）和光仁天皇时代都有出现。

## 松林苑与西池宫

接下来介绍的松林苑也是仅限于圣武天皇时代出现于《续日本纪》的庭园区域。它初见于天平元年(729)三月三日条,后以“松林”“松林宫”“北松林”等的名称出现在节宴的记录中。其中,天平七年五月五日条中,同南苑一样,有天皇观看骑马射箭的记录。天平十七年五月十八日条见有地震后天皇前往松林苑内的仓库,恩赐粮食给官人的记录。

从松林苑的“北松林”等称呼中可以看出,它位于平城宫的北方。根据橿原考古学研究所的发掘调查,探明了其边界的夯土墙(土墙)的一部分,推定松林苑位于平城宫北方东西约一公里、南北约一公里的范围里(图 3-9)。唐朝京城长安建有沿袭秦汉禁苑上

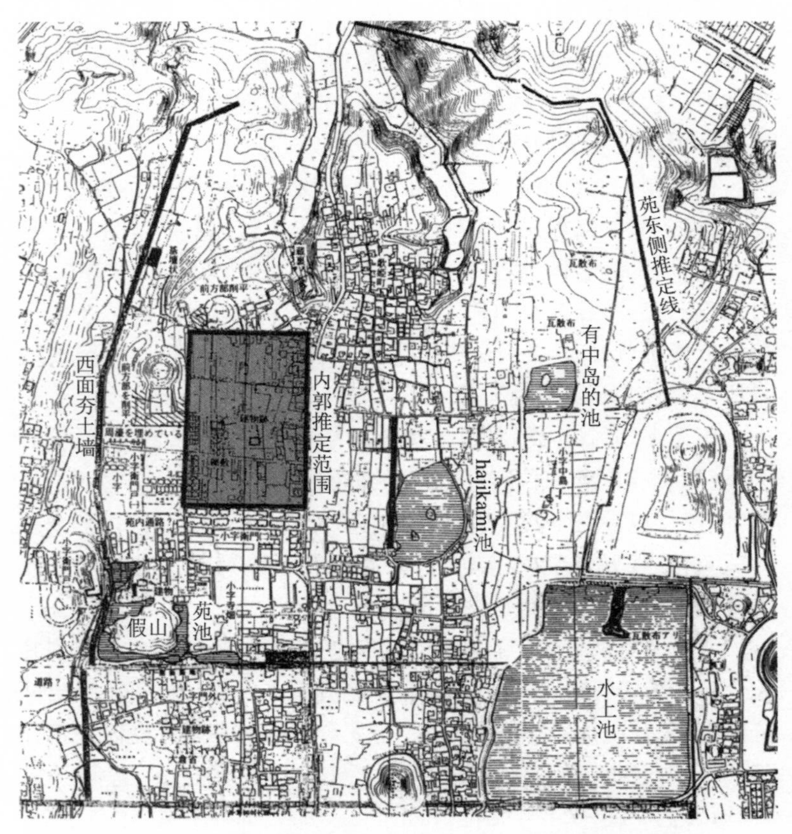


**图 3-9 松林苑的范围**(引自《松林苑遗址I》,橿原考古学研究所)

林苑规模庞大的禁苑(功能齐全的皇帝御用园林),松林苑的营造当以此为范本。除复数的宫殿、庭园区域外,当然还有飨宴场所,具备仓库等各种复合功能。顺便提一下,在松林苑内的庭园区域,还发现了利用猫冢古坟周围环壕作洲滨护岸的园池。毫无疑问,现今依然用作水池的 hajikami 池和水上池也源于松林苑内的园池。

平城宫西北部的西池宫也曾作为节宴场所使用,上一节谈及的《续日本纪》中的记录就涉及七夕的节宴,《万叶集》中也见有西池宫节宴上的和歌,卷八题有"御在西池边丰明节宴听歌一首"序的和歌:

> 池边松树下,叶上雪花飘,雪片重重积,明朝也不消。(卷八·一六五〇)

结合《续日本纪》中的记录以及佐纪池等发掘调查成果来考察这首歌,脑海中会浮现西池宫的景象:优美的池岸线边立着景石,还种有松树,宫殿前的梅花暗香袭人。

## 曲水宴

在奈良时代的节宴中,三月三日的曲水宴最为夺目。《续日本纪》记载有奈良时代约 10 次三月三日的节宴,几乎都是如下的曲水宴。

> 御鸟池之塘,宴五位以上。……召文人赋曲水之诗。(神龟五年)
>
> 宫西南新造池亭,设曲水之宴。赐禄五位以上,有差。(天平宝字六年)

从中可知曲水宴都在平城宫内的各场所举行,而场所并不固定。《续日本纪》中并未详细描写节宴等,一般认为曲水宴每年都有举行。

曲水宴原为中国三月上巳(最初的巳日)举行的宴会,之后固定在三月三日举行。人们坐在流杯渠(用板状石料砌成水槽形的曲水宴用设施)或流水前,当上游流过来的酒杯停在自己跟前的话，就得作诗饮酒。过后，另在别处殿堂设宴咏诵、发表各自的诗歌。曲水宴在中国的起源尚不清楚，但三世纪已见著录，从此便十分盛行。东晋永和九年(353)三月三日的兰亭曲水宴，因被誉为书圣的书法家王羲之手书《兰亭序》而闻名天下。

曲水宴何时传入日本尚不明了，根据文献史料记载，《日本书纪》显宗天皇元年(五世纪末)三月上巳条为其最早记录。不过，此时曲水宴在中国已不在三月上巳，而在三月三日举行。因此，《日本书纪》的记录并非完全史实。在日本盛行曲水宴恐怕是在《续日本纪》有复数记录的奈良时代以后的事。之后，在平安时代和室町时代、江户时代都有这方面的记录，现在城南宫(京都市伏见区)和毛越寺庭园(岩手县平泉町)每年都举行复原的曲水宴仪式。

在所发掘的奈良时代庭园遗构中，推测可能用作曲水宴的场所，有上一节所述的东院庭园和平城宫左京三条二坊宫遗址庭园，前者设计有蜿蜒的水沟，后者整个园池呈曲折流水状。但遗憾的是，没有特定记录表明在这些场所曾经举行过曲水宴。另一方面，文献史料中，收入《怀风藻》中的藤原宇合题“暮春曲宴南池”诗的序，描写了奈良时代曲水宴情况。从中可窥见曲水宴之一斑，红艳桃花倒映在水面，新绿柳枝低垂在岸边，树下两条蜿蜒的流水旁，六七文人墨客散坐着流觞。这同时也反映了当时的贵族对唐朝文化的强烈憧憬。

## 贵族宅邸的飨宴

从歌咏贵族宅邸飨宴的《万叶集》和歌中也能看出当时庭园的面貌。在此，介绍几首在式部大辅、大中臣清麻吕宅邸举行梅花宴时的和歌：

群花皆散落，松树永如青，愿结松枝上，祝君寿命长。(卷二〇・四五〇一)

梅花开复落，春日永如斯，久见仍难足，池边是此矶。(卷二〇・四五〇二)

常唤鸳鸯鸟，来栖矶内渍，我身如可爱，逐处愿随君。(卷二〇・四五〇五)

从这些和歌可以看出，大中臣清麻吕宅邸庭园是以模仿海滨风景的池为主，池中鸳鸯戏水，岸边松树茂盛，梅花暗香四溢。从四五〇一首和歌还可揣度奈良贵族的美意识，比起花开花落的花草，他们更喜爱长青不谢的松树。

再来看看与大中臣清麻吕宅邸同样题材的庭园景色：

> 君住此山斋，鸳鸯住进来，庭中马醉木，今见有花开。（卷二〇·四五一一）
>
> 马醉木花开，池中照影来，矶阴能得见，又见落花哀。（卷二〇·四五一三）

这些庭园也是以模仿海滨风景的池为主，池中放养着鸳鸯，池边种着马醉木。马醉木是奈良周边自生的灌木，一朵朵簇生的壶状小花煞是好看，惹人喜爱。

结合这些和歌及上一节所述长屋王宅邸庭园的情景来考虑，可以说庭园文化在奈良时代，至少在上层贵族之间已深深扎下了根。

## 寺院与庭园

圣武天皇建立国分寺，并在总国分寺的东大寺铸造大佛，奈良时代是佛教文化盛行的时代。那么，这个时代的寺院庭园又是怎样的呢?

兴福寺（奈良县奈良市）境内的猿泽池（图 3－10）是奈良时代寺院庭园之一，至今仍是奈良的一处名胜。池的位置不在佛堂林立的兴福寺中心伽蓝，而在南门外的“南花园”。所谓“花园”即种植佛像前供花和众僧食用蔬菜的区域。猿泽池是利用原有的低洼地，下大雨时可暂时用作蓄水池，还可用作举行放生会等仪式的场所。另在大安寺（奈良市），院内有“池并岳”，这里的“岳”指的是现存的杉山古坟的坟丘，当时的环壕现在以池的形式残留着。不知道这地方派什么用场，但在视觉上的确起到了大安寺庭园的作用。

经发掘调查确认的寺院庭园遗构，还有法华寺的阿弥陀净土院

图 3-10　猿泽池　兴福寺南花园的水池

图 3-11　阿弥陀净土院遗址
残留在稻田中的立石



庭园。地点在平城宫东院庭园东邻接壤处的左京二条二坊十坪。残留在稻田中的花岗岩立石(图 3-11)是显示江户时代以来阿弥陀净土院遗址的遗存。奈良文化财研究所对立石南方进行了发掘调查,确认原为园池并伴有建筑物。池是海湾、岬角连续着的曲池,有建筑与廊桥同池相连接。假若池的规模一直扩展到立石位置的话,东西长超过 50 米、南北长 50 米。其规模和设计接近平城宫后期庭园的水池。法华寺原为藤原不比等的宅邸,在其一角的阿弥陀净土院,是为天平宝字五年(761)六月七日举行不比等千金光明皇后一周忌法会而建造的。园池是法华寺从不比等宅邸继承的,因而阿弥陀净土院不同于兴福寺的猿泽池,是堂舍、园池一体化的伽蓝布局。阿弥陀净土院以追善供养为目的,与平安时代以降为祈祷自身极乐往生而建造的净土庭园意义迥然不同。但是,假若以最宽泛的方式定义净土庭园为"佛堂前穿园池,整体地象征净土的空间"的话,阿弥陀净土院显然也包括在这一范畴中。

寺院是孕育后世日本庭园文化的母体之一,需要留意的是在奈良时代的寺院中就已开始营造庭园了。

# 第四章　王朝贵族的舞台装置
## ——活用择地术与景观

**传承今日的净土庭园——平等院**

奈良时代确立的日本庭园的设计理念在平安时代得到升华，一则靠的是平安京这块景胜宝地，二则是其理念融入了王朝贵族的日常生活。自延历十三年(794)平安迁都以后四百年，这段岁月漫长的日本庭园史也同政治史一样，可以分为三个时期。

前期自平安迁都到十世纪中叶的村上天皇时代，即政治上保持律令制的时代。从庭园史角度看，风光秀美、水脉丰富的平安京的择地条件，促使这时期在京城内外营造了大规模的池庭。

中期截至十一世纪后半叶的后三条天皇时期，即摄关政治的全盛期，是文化史上所谓国风文化的成熟期，有假名文字写作的女性文学等。从庭园史观点看，也是伴随贵族住宅寝殿造的寝殿造庭园样式诞生的时代。中期尾声时，末法思想流行，出现了体现极乐净土的净土庭园。

后期始于上皇掌握政治实权的十一世纪末，即所谓的院政期，在其结束时迎来武士的崛起。随着净土庭园的流行，院御所的庭园成就了这一时代庭园史的特征。下面大致沿袭以上的时期分类展开我们的话题。

# ❶ 平安京的水脉与风光

## 平安京的自然环境

桓武天皇(781～806 年在位)延历十三年(794)迁都平安是历史上划时代的事件，它奠定了日本政治、宗教、文化的走向。《日本纪略》同年十一月八日条中的“迁都诏书”如此形容地形，“此国山河襟带，自然作城”；并以此为由宣布更改国名，“改山背国为山城国”。

所谓“山河襟带”，指的是群山如衣襟耸立环拥，河川如锦带穿梭来往。也就是说，东山、北山、西山围在三面，高野川、贺茂川、桂川等大小河川自北流向南部的低地，京都盆地不愧为“山河襟带”所形容的宝地。由大小多条河川的复合扇形地形成的京都盆地，每条河川的扇形地地质各不相同，因此在不同地质的扇形地界附近等就会发生地下水喷流的现象，于是便在各处形成了池沼。环抱盆地的群山婀娜多姿，丰富的水脉是平安京作庭上最大的红利。

平安时代前期，平安京就开始活用这种地形营造了大规模的池庭。文献史料中闻名的有冷然院(冷泉院)和南池院(淳和院)、朱雀院等的庭园。一鳞半爪留存至今的，京内有桓武天皇以来的禁苑神泉苑，郊外有嵯峨天皇(809～823 年在位)的离宫嵯峨宫。

## 神泉苑与最初的赏花

二条城是观光都市京都屈指可数的观光景点，在其南方茂密的树林下有座东寺真言宗的寺院——神泉苑(京都市中京区)。苑中静静流淌着的园池，尽管规模缩小了不少，但余韵犹存，它就是平安时代神泉苑的园池。

神泉苑位于平安京大内里(平安宫)东南的左京三条一坊东半部,是座规模庞大的禁苑,东西二町(252 米)、南北四町(516 米),是模仿唐朝的天皇专属庭园。根据《日本纪略》记载,在平安迁都七年后的延历十九年(800)七月十九日和八月十三日,桓武天皇曾两次行幸神泉苑。因此,其营造应是在平安迁都后不久进行的。随着庭园规模的不断完善,延历二十一年以后的行幸变得日益频繁。同书同年二月六日条中见有池中游乐的记录:"幸神泉苑。泛舟神泉,曲宴。"

其后,一直到仁明天皇(833～850 年在位)时代,神泉苑常常被用作飨宴的场所,这在《日本纪略》《日本后纪》《续日本后纪》等中都有记载。例如,平城天皇在大同三年(808)七月七日行幸神泉苑观赏相扑,并让文人作七夕诗。嵯峨天皇经常光临神泉苑,在弘仁三年(812)二月十二日还举行了"花宴之节"的宴会,观赏樱花,让文人作诗。作为公事的赏花节,这在日本恐怕是首次。而淳和天皇(823～833 年在位)行幸神泉苑时,每次都会钓鱼、观鱼。

除行幸、飨宴外,常年不枯的神泉苑还经常被用作祈雨的场所。《元亨释书》记有如下轶事,天长元年(824)大旱时,上演了祈雨修法竞赛,东寺的空海战胜了西寺的守敏。神泉苑作为干旱时祈雨的场所和水源,其作用随着时代的推移越发重要。然而,十世纪以后,行幸中断,神泉苑也失去了禁苑的作用。

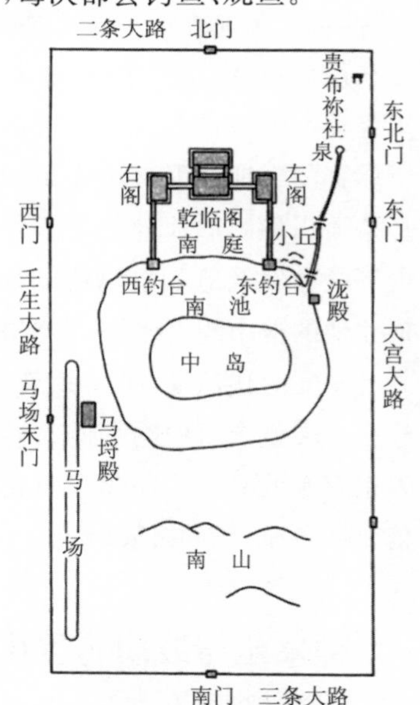

**图 4－1　神泉苑复原图**
**(太田静六绘制,引自《寝殿造研究》,吉川弘文馆)**

根据文献史料和绘画史料以及自身的研究,太田静六氏(建筑史)复原了鼎盛时期的神泉苑(图 4－1):整体布局呈"コ"字形,以正殿乾临殿为中心,左右两侧(东西)建阁,临池有钓台,池在殿舍群的南面，东北方的涌水(泉)为其水源。建筑物前凿池这种布局酷似中国黑龙江省牡丹江市郊渤海国都城上京龙泉府禁苑遗址。上京龙泉府禁苑营造于八世纪后半期至九世纪初期，时间上接近神泉苑；神泉苑位于平安宫的东南方，上京龙泉府禁苑也同样地处宫殿区域的东南方。结合这些来考虑，两国的禁苑想必多少有些关系。结论是：两者模仿的都是唐朝长安的兴福宫，它位于大明宫等的东南方，是宫殿建筑群前营造的“龙池”。而建筑物呈“コ”字形排列、前面凿池这种布局是寝殿造的原型，这样的话，寝殿造也起源于唐朝。

## 嵯峨院的风光

京都嵯峨野大觉寺院内的大泽池(京都市右京区)碧波荡漾，倒映着北嵯峨的群峰，它是营造于八世纪初期离宫嵯峨院的园池遗构(图 4－2)。京都盆地西部的嵯峨野一带为外来人氏族秦氏的根据地，秦氏家族以其先进的土木技术为平安京的建设做出了贡献。为表示嘉奖，桓武天皇、平城天皇和嵯峨天皇常常行幸嵯峨野。尤其是嵯峨天皇深为东、北、西三面环山的美妙风光所打动，其皇太子时代就在此地营筑山庄，即位后作为嵯峨院用于诗歌管弦之飨宴。嵯峨天皇让位后，改此为仙洞御所(院御所、上皇住宅)，承和九年(842)在此驾崩。嵯峨上皇驾崩后，嵯峨院一时荒芜。贞观十八年(876)，嵯峨的皇女、淳和天皇皇后正子内亲王舍宅为寺，名曰大觉寺，后经几度变迁延续至今。

**图 4－2　嵯峨院的园池遗构——大泽池**

大泽池面积约三万三千平方米，由筑堤截阻来自北方北嵯峨山中的流水而成。池的北部西置天神岛、东配菊之岛，两岛间池中以“庭湖石”的立石连接。这种立石传说出自平安初期的画家巨势金岗之手，而起名“庭湖石”据说是为了重现中国洞庭湖的形象。池北方约百米处有座取名自藤原公任所作和歌“丝丝缕缕，飞瀑水久绝。时犹闻美名，清声烈烈”(《拾遗和歌集》)的名古曾泷石组，虽后世变化很大，但一直保留至今。

根据昭和五十九年(1984)至平成二年(1990)的发掘调查，自名古曾泷的流水经自然的水路蜿蜒流向大泽池。营造嵯峨院时开凿的这条水路最宽处12米、深1米，规模大，流水量也很大。后世的画卷给人感觉平安时代的水路多小巧优美，但优美的嵯峨院水路，其大小与园池的规模相匹配。

## 名胜地别墅庭园的谱系

在名胜地营造离宫和别墅时附设庭园的做法，以飞鸟时代的吉野离宫为滥觞，奈良时代闻名的有高圆离宫、传称德天皇的山庄或长屋王的佐保楼等，而并非始于嵯峨院。话虽如此，但在平安时代，以皇族和上层贵族为主营造别墅成风却是事实。环视嵯峨野周边一带，《日本三代实录》记载九世纪后半期左大臣源融在现今的清凉寺营造“栖霞观”山庄；《日本纪略》记载淳和天皇行幸过清原夏野(后为右大臣)的山庄，其地紧接嵯峨野的双岗。另在迁都后不久，桓武天皇的皇子明日香亲王就在平安京南郊的宇治建造别墅，九世纪后半期，源融建造了后为平等院前身的别墅。

选择名胜地营造别墅并附设庭园、创造理想环境的文化，为平安时代中期以降的各个时代所继承，源源不断，中世自不待言，近世、近代也都保持着这一谱系。作为生成这种文化的基础，平安京周边的优美景观至关重要，而嵯峨院则是一个先驱性实例。

## ❷ 寝殿造庭园与《作庭记》

### 寝殿造庭园的诞生

在藤原氏摄关政治全盛期的平安时代中期，诞生了平安京贵族住宅寝殿造的附设庭园，即寝殿造庭园样式。虽说如此，但寝殿造住宅和庭园保存至今的一座也没有，其结构和设计等只能靠后述的《作庭记》以及贵族的日记、物语等文献史料或画卷、指图（建筑物或庭园的平面图）等绘画史料来推测。下面简单介绍三品以上上层贵族典型的寝殿造住宅和庭园。

用地标准一町（约 120 米）四方，围以夯土墙，东、西、北面开门，正门为东门或西门，宅邸中心的寝殿坐北朝南。东、西、北面配别栋的对屋，寝殿与对屋以称为渡殿的走廊连接。自东西对屋有中门廊（配有门的廊）向南延伸，其尽头临池设钓殿。这种“コ”字形的建筑群前面是平坦的广庭（南庭），上面铺有白色砾石，用于举行各种仪式和活动。南面凿池，通过来自北方或东北方的水路，引水入池。池中设岛，架桥至中岛，池南筑有假山。

虽说以上描述的是寝殿造的基本形状，然大贵族的宅邸或为拥有二町或四町的庞大宅地，或建筑物布局上中门廊仅建在单侧等，并非左右对称。加之，包括池水源的引水等在内的择地，或许很大程度上反映了主人的喜好，因而庭园自然都具有个性。根据对京都市内所进行的发掘调查，在堀河院和高阳院等的遗构中部分地发现了池的护岸、石组等庭园细部设计实例，这一成果是揭示寝殿造庭园真相不可缺少的实物史料。

尽管寝殿造庭园是反映主人喜好的空间，但它首先是仪式和飨宴的场所。在让我们子孙了解当时的仪式景象等方面，贵族日记功不可没；另外，《年中行事绘卷》（图 4－3）、《驹竟行幸绘卷》也为我们提供了视觉形象。

## 最早的作庭书《作庭记》

《作庭记》与寝殿造庭园可谓相得益彰。《作庭记》在镰仓时代曾称作《前栽秘抄》，由塙保己一以“作庭记”为名收录在《群书类从》中后，以此名传播开来。从书中高阳院修造等记述确定编著者为橘俊纲(1028～1094)，其为藤原赖通(992～1074)之子(橘俊远的养子)，长年担任修理大夫一职；书的基本内容确定于十一世纪后半期。就内容完整这点而言，此书属世界上最早的作庭书，田村刚氏(造园学)和森蕴氏(庭园史)等人对此进行过详细的研究。下面参考这些以往研究，简述《作庭记》的主要内容。

《作庭记》的结构并非前后统一，其各章具体内容如下：“立石时必须首先把握其大致的意趣”“立石须有种种方法”“介绍种种中岛形状”“营筑瀑布的顺序”“人工溪流的做法”“立石秘诀”“禁忌”“树的种植”“泉水的做法”“杂部”等。首先，此书在“立石时……”

**图 4-3 《年中行事绘卷》中所描绘的后白河法皇法住寺殿的广庭和池**

一章开宗明义地揭示了作庭的三大基本理念。

> 一、根据地形，顺应池状，处处体现意趣，时时想像自然风景，如何作庭须综合考虑。
>
> 二、效法古来名匠的作庭手法，听取庭园主人的意见，贯穿自身的作庭意趣。
>
> 三、想像各地的名胜景观，择其经典融入自身的思考，作庭时大致采风模仿各处名胜，自然天成。

也就是说，第一，在考虑庭园择地的同时，要想像和参考"自然风景"，即山、海、川、瀑布等美丽的自然景观；第二，在模仿过去优秀的作庭范例的同时，要考虑庭园主人的意向，以自身的设计理念造园；第三，想像国内名胜地的景观，要将其经典部分吸收在自身的理念中，根据需要，运用在造园上。

这是一种基本理念，它完全适用于现在日本庭园的造园乃至景观设计，其先进性和普遍性值得大书特书。

## 从《作庭记》看日本庭园的理念

《作庭记》中记载有许多日本庭园设计理念之要谛，值得注目。在这里，仅列举其中的两点。首先是"立石秘诀"一章中的记述：

> 立石时，首先立一神形俱佳的主石，其他诸石须配合主石而立。

它显示的是这样的理念：在实际立石时，先立一块神形俱佳的主石，然后根据主石的需要，在其周围布局其他石头。在日本庭园中，一块块富有个性的自然石都是最重要的造园素材，其布局和组合才是作庭的关键。因此，"立石"即为作庭。由此看来，可以说上面的记述不但针对日本庭园石的布局，而且表达了整个造园的基本理念。同样的记述在"立石须有种种方法"一章的"大河的做法"条目中也有体现。

接着值得注目的是"立石时必须首先把握其大致的意趣"中的记述：

> 而且，自岛架桥时，不可对准寝殿正面台阶的正中央，须错开以桥的东柱对准寝殿正面台阶的西柱。

这里的关键词是"错开"，即不对称理念。原则上寝殿造庭园在寝殿前置广庭，其南面配池，池中设岛。上述内容显示，自寝殿前中央下至广庭的台阶、而后自广庭架设至池中岛的桥梁，这些并非沿中轴线布局(参阅本章第 58～59 页图 4－3)。从中可以看出其设计理念，即在布局上自寝殿台阶的位置没有明确的中轴线。而这种不对称的设计理念在《作庭记》中随处可见。

在《作庭记》中，如各章条目所示，对岛、瀑布、流水、栽植、泉等也都有详细记述。除记有基于阴阳五行说、四神思想的禁忌等外，更多的是有关作庭的合理指南、好尚或技术的记述。例如，在流水旁低缓的带状坡地上不种植繁茂的植物，而须种植“桔梗、黄花龙芽、地榆、紫葛”等，从中可以看出对于庭园花草植物的喜好。另在池中筑岛时，并非凿池后堆土筑岛，而是在造池时事先预留，这样护岸的叠石也很稳固。这些在技术上合情合理。由此说来，《作庭记》不仅对于理解平安时代的寝殿造庭园很有帮助，而且是领悟日本庭园精髓不可或缺的书籍。

## 四季庭园——高阳院

如前所述，作为各家宅邸的寝殿造庭园无论大小都具有各自的特色。其中，藤原赖通宅邸的高阳院最具特色，规模大得出奇，布局独特，若作为平安时代寝殿造庭园的典型或许过于特殊。但其在藤原实资的《小右记》等贵族日记以及描写道长时代的历史故事《荣花物语》等中都有详细的记述，发掘调查也发现了其部分遗构，可以说是一座最有可能接近原貌的寝殿造庭园。

高阳院是座大型贵族住宅，占地四町即252米见方。其位于原本平安京大内里的东方、神泉苑的东北方，这一带是水源丰富的地域。十一世纪初，藤原赖通买下了这块土地，开始营造宅邸。造作极尽奢侈，藤原实资曾在《小右记》宽仁三年（1019）二月八日条中以传闻的形式对此提出了批评：“高阳院造作为天下之悲叹。”但这位实资却在治安元年（1021）九月二十九日条中又以传闻的形式赞叹其美轮美奂：“高大壮丽，无与伦比。”

以赖通营造的高阳院为舞台最为隆重的事件是万寿元年（1024）九月十九日后一条天皇观赏赛马表演。其情景在《小右记》中见有详细记述，《荣花物语》卷二十三也有“天皇观赏赛马表演”的描述。根据其记载，高阳院有效利用了其广阔的占地，开池环绕寝殿的东西南北，钓殿建在中岛上，建筑物和庭园的布局前所未有。在东西南北池的周围，对应各个方位栽种植物，名曰“四季庭园”。从季节、色彩对应方位这点来看，不难看出其中阴阳五行思想的影响。

## 考古发现的洲滨

高阳院在长历三年（1039）、天喜二年（1054）、承历四年（1080）

曾三度失火。初次和第二次大火后，赖通进行了重建，第三次火灾后的重建是其子师实完成的。每次重建形态都有改变，因此高阳院的历史可分四期。初次失火后重建的高阳院即第二期高阳院，整体上较火灾前扩大了池的规模，天喜元年(1053)用作后冷泉天皇的临时皇宫。所谓临时皇宫源于十世纪后半期皇宫失火后开始实施的制度，天皇借用贵族的宅邸作为临时居住的皇宫。据《作庭记》记载，通常寝殿正面的广庭宽度为六至七丈(一丈约三米)，但用作举行皇宫仪式的临时皇宫时，需要八至九丈。从这点可以看出，作为临时皇宫使用时，宅邸需要符合皇宫的规模和规格。

作为临时皇宫的高阳院庭园，《荣花物语》中“后冷泉天皇登基”篇以“高阳院殿引人入胜”开头，对其做了如下描绘：“山宛如真景的深山，瀑布自树荫中流落，池面清澈见底，左右钓殿极富情趣。随着深秋的到来，红叶浓淡相宜，胜似织锦。”

高阳院的遗构在以往数处的发掘调查中都有发现。其中昭和五十六年(1981)，京都市埋藏文化财研究所在对京都市上京区丸太町通堀川东入北侧进行的发掘调查中，发现了反映第一到第四期遗构变迁的池滨遗存。营造时的沙滩状岬角自西岸朝东伸向池面，这一带在最初的改建时，填埋了部分池面后生成新的岸边。其岸边坡面平缓，铺满拳头大小的川原石，并在其靠近岸的部分撒上白沙，从而形成完美的洲滨(图4-4)。其后经过第二、第三次的改

**图4-4　高阳院遗址所发现的第二期的洲滨(京都市埋藏文化财研究所提供)**

建，这一带池的面积进一步缩小，最后一次在池岸附近立了两块景石。以上是这一调查区域大致的变迁，最初改建时伴有白沙的洲滨尤其优美，从中可想像当时贵族的美意识。昭和六十三年(1988)对上述调查地区以东约一百米处也进行了发掘调查，发现了池的洲滨和四块景石，平成元年(1989)在其南面进行的调查中，还发现了池和疑似中岛的遗构。因为往昔高阳院的用地位于现今京都市的中心街区，展望未来的发掘调查，只能靠积累断片式调查成果完成拼图。但愿能够通过持之以恒的发掘调查一步步接近并揭示高阳院的真相。

## ❸ 作为净土的庭园

### 广泛流传的净土思想

佛教中称佛居住、没有尘世欲望和痛苦的世界为净土。佛住在各个净土中，而阿弥陀如来的净土即极乐净土。日本自飞鸟时代起接受净土信仰，到奈良时代为光明皇太后祈求冥福绘制了阿弥陀净土图，因此盛行使用绘画的净土信仰和仪式。与此同时，营造了如第三章所述的法华寺阿弥陀净土院之类的伽蓝，即以堂舍和园池一体化的立体空间来体现净土。

至平安时代，以比睿山延历寺为大本营的天台净土宗成为净土信仰的中心。在平安时代中期，其宣扬净土信仰即为应对末法思想之末法的宗教。所谓末法思想是指，释迦牟尼圆寂后，佛教的正确教诲随岁月流逝而衰微，结果人们进入无论如何修行也开悟不了的末法时代。当时日本流行永承七年(1052)末法说。

在此演变中，起主要作用的是源信(942～1017)。源信以《往生要集》引导了当时的净土信仰，其口号是“欣求净土，厌离秽土”，即厌弃人居住的丑恶的娑婆世界，向往阿弥陀如来居住的极乐净土。作为极乐净土的念佛方法，源信除以往的称名念佛外，还提倡联想佛和净土具体形象的观想念佛；除平生的念佛外，还强调临终的念佛。这些甚至都影响到了文学和美术等各种领域。

与源信有过交流的文人贵族庆滋保胤于天元二～三年(979～980)间，在平安京内自家宅邸营造池亭。根据保胤自身在《池亭记》(收入《本朝文萃》卷十二)的记载,其利用地形掘池筑山,池西建佛堂安置阿弥陀像,东面配以收藏书籍的建筑,池北建与妻子儿女生活的住宅。建筑物十之四分,池九之三分,菜园八之二分,水田七之一分。池亭中,有诸如"绿荫松岛、白沙水边、红鲤、白鹰、小桥、小船"等,保胤将其"平生之嗜好""淋漓尽致地"展现了出来。

一处官位不高的贵族宅邸还有菜园和水田的空间,这确实令人饶有兴趣,然而最为引人注目的是池西安置阿弥陀像的佛堂。它让人深切感受到如下意识起着作用,即将池比作极乐净土的宝池,两岸配置佛堂象征阿弥陀如来的西方净土。另一方面,"绿荫松岛、白沙水边……"的庭园光景,可以说与寝殿造庭园如出一辙。从佛堂和园池的关联来看,作为平安时代净土庭园之先驱的池亭无外乎寝殿造庭园的变种。

## 藤原道长营造法成寺

在摄关政治的鼎盛期,藤原道长(966~1027)作为藤原氏家族的长者(一族之长)位居顶点,他也深受源信著《往生要集》的影响。为此在自宅土御门殿的东方营造了宏大的法成寺,占地六町,仅伽蓝就横跨二町。寺院营造基于信仰上的考虑,即修行是为了极乐往生。道长于宽仁四年(1020)建立了阿弥陀堂,称之无量寿院,在治安二年(1022年)金堂落成庆典时,改称法成寺。《荣花物语》卷十七的"音乐"一节做如下描述:

> 当您静静观赏法成寺境内景观时,就会看到庭园中的细沙如水晶般闪耀,池水清澈见底,池面装饰着不同颜色的莲花,上面是一尊尊佛身,佛影倒映在池水当中。坐落在东西南北的殿堂及经藏钟楼都倒映在水中,宛如佛国。池的四周种植树木,枝干上挂满了用珠宝编织的装饰网。花瓣柔嫩,在细风中摇曳。绿珍珠树叶呈琉璃色,婀娜的颇梨珠枝干倒映在池底。柔松的花萼低垂,眼见着就要掉落般的,别有风情。绿珍珠树叶如同夏日茂密的绿松,琥珀树叶如同中秋的黄叶,白琉璃树叶像是冬天庭园中的积雪。多色多彩,煞是好看。微风轻拂树木,池波拍打金玉的护岸,金玉池上架设着七宝桥,宝贝妆点的

船舟停泊在树荫下，人造的孔雀和鹦鹉在中岛上嬉戏。

极尽奢华的殿堂倒映在园池中，池中装点着人工的景物，此番情景正如《往生要集》所言唯极乐净土是也。《荣花物语》的描述多少带有夸张成分，但其取材《往生要集》却是肯定的。法成寺的落成庆典旨在努力具现《往生要集》中叙述的极乐净土，而《往生要集》则是道长的座右之书。因此，法成寺的实景该与《荣花物语》中描述的大致相仿。

道长于万寿四年(1027)十二月四日在法成寺阿弥陀堂走完了他的一生。结合道长临终于阿弥陀堂来看，他自己所希冀的极乐往生之空间——净土庭园，以纯粹形式得以实现，尤其是阿弥陀堂和园池建成后的无量寿院供养之时。也可以说，以园池为主，西岸配置阿弥陀堂，这种净土庭园的样式已在此时定型，而且是作为一种明确的意识。

法成寺阿弥陀堂安置有九体阿弥陀佛，即所谓的九体阿弥陀堂。从历史记载中可以获知，九体阿弥陀堂自白河天皇营造的法胜寺开始，还包括鸟羽离宫的金刚心院等，直至平安时代末期总共建造有三十余栋。所谓无量寿院型净土庭园形式，就是在园池西岸配置阿弥陀堂，此形式现存例子有净瑠璃寺(京都府木津川市，图4-5)。但要是

**图4-5 净瑠璃寺庭园 池水和九体阿弥陀堂**

从南都兴福寺僧侣建造在幽邃山中的净瑠璃寺出发，去想像道长营筑在平安京中豪华绚丽的法成寺或其初级阶段的无量寿院，这似乎是强人所难。

## 平等院的空间结构

以阿弥陀堂（凤凰堂）的美丽英姿闻名的平等院（京都府宇治市），是道长的嫡子藤原赖通由从父亲处继承的宇治川西岸的别墅宇治殿改建来的。天喜元年（1053）举行了落成法会。天喜元年是进入末法之永承七年的第二年，虽说这只是种观念上的说法，但在贵族之间却充满着一种挥之不去的绝望感。正是由于这种社会环境的影响，加之流行建造寺院也是基于极乐往生的修行信仰，赖通渴望通过现世营造极乐净土，来实现自我的极乐往生。

平等院在平安时代的占地是现在的七倍，其阿弥陀堂和园池保存良好，直至今日。宇治市教育委员会自平成二年（1990）起花费十年时间对园池进行了发掘调查，弄清了平安时代的园池以及阿弥陀堂一带曾进行过两次的整修。

有着宽敞出入口的洲滨园池，其近西端处同样建有存在洲滨护岸的大岛，上面建造朝东的扁柏皮屋顶的阿弥陀堂，阿弥陀堂对岸铺满小石，与宇治川的川原相连。营造初期好像就是这个样子。《扶桑略记》康平四年（1061）十月二十五日条，在称赞平等院“水石幽奇，风流胜绝”之后写道：“前有一苇渡长河，宛如引导群类至彼岸。”记述恰好印证了如下构图：“一苇渡长河”即以宇治川为界，将西面的整座平等院视为彼岸（极乐净土），将东面看作此岸（现世）。

最初的整修填埋了园池东岸附近的水面，建起了称为小御所的礼拜用小建筑物，该整修可能发生于阿弥陀堂营造完成的十数年至三十数年后。由于这次整修，让寺院失去了原本以宇治川为界象征彼岸和此岸的宏伟构图，阿弥陀堂和小御所被分别看作彼岸和此岸，伽蓝内部由此确立了自我完善的寺院结构。康和三年（1101），赖通曾孙藤原忠实再次对平等院进行了整修，此时增加了阿弥陀堂两侧翼楼周围的台基，阿弥陀堂也改为瓦屋顶。一种观点认为，这是为了证实净土庭园是立体地表现净土图中的净土变相。这次整修明显是为了让人感到阿弥陀堂无论在台基上还是瓦屋顶上，更加接近了净土变相中所见宝楼的形象。

根据发掘调查的成果，现今的平等院园池在遗址回填后，将护岸改回原来的洲滨，使人仿佛看到了平安时代的平等院（本章标题页照片）。建议您有机会参观平等院时，留意下园池的洲滨。

## 空前规模的鸟羽离宫

平安时代后期由始于白河上皇（1053～1129，1072～1086年作为天皇在位）的院政期和其后武家势力崛起的时期组成。说到这一时期的庭园，就不能不说院御所，即始于上皇御所的鸟羽离宫（京都市伏见区）庭园。

鸟羽离宫为离宫的总称，为了配合白河上皇首创"院政"，在平安京南方的贺茂川和桂川汇合处一带的沼泽地营造鸟羽离宫，后来其孙鸟羽上皇等又对此增筑整修（图4-6）。白河上皇营造的离宫的初期状况详见《扶桑略记》应德三年（1086）十月二十日条目。为营造百余町的大规模鸟羽离宫，曾面向全国赋役，这是个空前规模的营造工程。池的规模"宽南北八町，东西六町，水深八尺有余，几近九重深渊""或模沧海筑岛，或写蓬山叠岩""风流之美，不

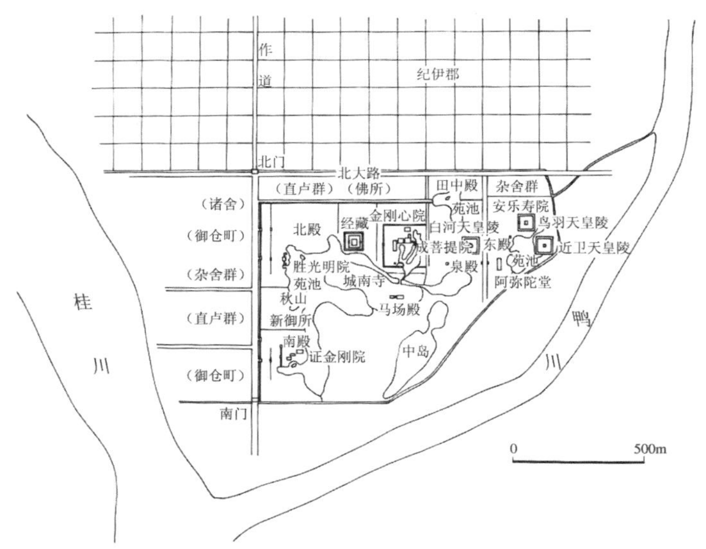


**图4-6　鸟羽离宫推测复原图（引自《平安京提要》，角川书店）**

计其胜”。

南北八町、东西六町的规模，占据了整个鸟羽离宫近半的面积，鸟羽离宫几乎相当于六座南北四町、东西二町的神泉苑。如前所述，这么大规模的池水固然有利用原有沼泽地营造的因素，但同时也反映了白河上皇强烈的个人意志和好尚。

鸟羽离宫的南殿、北殿、泉殿、东殿和田中殿五处区划都是临池的形式，自平安时代后期至镰仓时代依次营造，虽后半始见衰微，但前后持续近二百年。各区划由御所、佛堂、庭园组成，从庭园的角度来说，可称为寝殿造庭园和净土庭园的复合体。在成为仪式和佛事场所的同时，还作为和歌会、赏花、竞马、赏月、花草比赛等四季风雅游戏的舞台，甚至用于换方位风俗的场地。有关这些多有记载，在此仅摘录宽治八年(1094)八月十五之夜赏月宴上所咏白河上皇的御制和歌：

> 潢池清水，映皓月明媚。今宵独归吾，一轮瑰玮。(《金叶和歌集》秋三)

而现今鸟羽离宫的遗址除安乐寿院、鸟羽天皇陵、近卫天皇陵等外，多化为水田。自二十世纪六十年代名神高速公路建设工程以降，其环境发生遽变。虽然发掘调查只是涉及部分区域，但也探明了多座庭园遗构的状况。例如，在东殿的安乐寿院发现了存在半岛的池水和细流等。用拳头般大小的卵石铺成的洲滨呈现出优美的曲线，细流注入池水处立有景石。田中殿的金刚心院区域由释迦堂、九体阿弥陀堂和寝殿组成，但随处可见景石和整齐地铺满拳头般大小卵石的洲滨，这在鸟羽离宫的其他地方很难看到。还有细流和落差近一米的瀑布。这些都是鸟羽上皇时期的遗存，称得上是平安时代末期最高级的庭园设计。

## 残存在奥州平原上的平安时代庭园

平安时代后期，在远离平安京的陆奥国，有座盛产黄金、依托于北方各地贸易、都市文化繁荣的城市——平泉(岩手县平泉町)。平泉是始于藤原清衡(1056～1128)的奥州藤原氏的大本营，建筑有藤原氏自身的宅邸，整个都市规划有序，并建有大型寺院。记录源赖朝（1147～1199）在平泉战役消灭奥州藤原氏后寺院状况的“寺塔已下注文”[《吾妻镜》文治五年（1189）九月十七日条]中见有如下记载：初代清衡建造的中尊寺，二代基衡建造的毛越寺（也有观点认为该寺为清衡建造的伽蓝烧毁后基衡重建的），基衡妻子建造的观自在王院，三代秀衡（？～1187）建造的无量光院，这些都为其代表性寺院，并都营造有庭园。下面以毛越寺和无量光院为例做一说明。

毛越寺除以土墙环绕境内外，还保存了带有翼楼的金堂、圆隆寺和西面嘉胜寺的基石以及金堂前面的大泉池等。平泉町教育委员会不间断地对此进行了发掘调查，基本上探明了其庭园的全貌。

发掘调查表明，作为庭园中心的大泉池东西约 180 米，南北约 90 米（图 4－7）。池东南部半岛及其先端的池中立石构成粗犷池岸，西南部假山附近叠石，采用洲滨的手法在池岸铺满拳头大小或体形大的卵石。另在连接南门和金堂、圆隆寺的中轴线上筑岛，前后架桥相连。还发现了全长约 80 米、铺有石板的细流通道，蜿蜒注入池东北部，院内铺满着石板。综合以上情况，可以想见现今绿意葱葱的庭园往昔也该是处非常人工的空间，在铺满石板的院内，前园池后佛殿，建筑林立，华丽恢宏。

此类伽蓝或庭园并非毛越寺独创，无疑是模仿了都城的寺院。

**图 4－7　毛越寺庭园　大泉池粗犷的池岸和池中的立石**

毛越寺的范本应该是白河天皇建造的、旨在镇护国家的法胜寺，就这个意义而言，其目的并非具现阿弥陀如来的极乐净土。话虽如此，但毛越寺庭园确实延续了平安时代净土庭园或其源流——寝殿造庭园的设计谱系，遗构保护非常完好，十分具有考古的价值。

## 模仿平等院的无量光院

接下说说秀衡建造的无量光院。前面提到的《吾妻镜》"寺塔已下注文"中写道：在以丈六阿弥陀佛为本尊的无量光院佛殿内部，描绘有表现净土教根本经典之一的《观经》(观无量寿经)的绘画，"以及图绘秀衡亲自狩猎之身姿"。其中还断言"三重之宝塔、院内之庄严，如出一辙"。换言之，堂塔、园池一切的一切都是模仿宇治平等院。

昭和二十七年(1952)的发掘调查证实了以平等院为范本的记述。在池西的大岛上营造东向、附带翼廊的阿弥陀堂，中岛之北配置小岛，等等。很明显，这些设计手法基本上沿袭平等院。另外，无量光院也具有自身重要的特点——与外部空间密切的关联性，这是平等院所没有的。根据菅野成宽氏(佛教文化)的研究，无量光院通过阿弥陀堂东西向中轴线的西延处，直指金鸡山顶(海拔98.6米，与山麓的比高约60米)，并依此布置伽蓝和园池。据说在盂兰盆节(农历七月)和初代清衡的忌日(农历七月)，自中轴线能够看到金鸡山顶的落日。菅野氏还指出，在无量光院内部的阿弥陀堂象征极乐净土，而从秀衡的宅邸加罗御所看来，无量光院本身就是极乐净土的象征。也就是说，极乐净土像是个套匣。

无量光院以当时华丽闻名的平等院为范本，作为净土的组成空间收入西方的金鸡山，并组合了套匣般的净土观。可以说它是平安时代净土庭园的终点。旨在探明无量光院伽蓝的发掘调查尚在进行中，我们期待着新成果的问世。

## 从平泉走向关东

赖朝深为平泉壮丽的寺院所打动，返回镰仓后不久便着手创建新寺院——永福寺。据《吾妻镜》文治五年(1189)十二月九日条记载的“永福寺起源”称，其建寺目的是为供奉平泉战役的死者亡灵，同时模仿平泉中尊寺的二阶大堂（大长寿院）。讲究择地的赖朝于镰仓一带广求新寺院地址，最终定址现今的镰仓市二阶堂地区（此地名本身就来源于二阶大堂），于建久二年（1191）开工建造。翌年建久三年开始挖地营造园池，二阶大堂建在园池西岸，其南北为以复廊连接的阿弥陀堂和药师堂，包括园池在内的中心伽蓝直至建久五年才全部完工。《吾妻镜》建久三年八月二十七日条见有庭园的记载，赖朝曾亲临现场指导担任作庭的僧人静玄立石。

**图 4-8　永福寺复原图（镰仓市教育委员会提供）**

近年镰仓市教育委员会发掘调查表明，园池的水源为自北面流入的谷川河水，池大小为南北 200 米、东西 40～70 米。池岸的基本做法为洲滨，重要地方配置景石或石组。前述三堂布置在池西的做法很明显存在无量光院的影子，并以模仿中尊寺的二阶大堂为本殿，但其空间结构无疑沿袭了净土庭园的谱系。以宇治平等院为范本的无量光院又成了镰仓永福寺的蓝本，这一系列的变迁实在耐人寻味。

永福寺所继承的净土庭园谱系后又为关东武家所继承，例如，赖朝堂兄弟足利义兼营造的镰仓时代初期的桦崎寺（枥木县足利市）庭园、金泽贞显创建的镰仓时代后期的称名寺（横滨市金泽区）庭园等。

# 第五章　作庭的新旗手
## ——禅与镰仓、室町的造型

岁月洗礼后的苔寺——西芳寺庭园

随着源赖朝武家政权的建立，镰仓成了一个政治中心，但庭园文化的中心依然在京都。寝殿造庭园样式虽发生变异，且日渐衰微，但依旧延续着，尤其在有权势的贵族之间，在郊外名胜地营筑别墅、庭园的文化还相当盛行。

另一方面，在武家兴隆的同时，禅宗迅速壮大，给庭园文化和设计以极大的影响。兰溪道隆等中国僧人传来"境致"理念——禅僧列举伽蓝周边的自然或人工的景观，命名后以偈颂（诗）形式来表达。禅宗对于景观感悟甚为深刻，在这种意识的背景下，自镰仓末期至室町初期的南北朝时代出现了当时首屈一指的禅僧——梦窗疏石，他同时还精通造园。疏石在眺望构造、石组等方面创造的杰出造型成为了其后庭园的一种规范，同时给足利将军家的庭园构造、设计以很大的影响。

另外，在庭园枯山水样式的诞生和发展方面，重视境致的禅宗思想、热爱中国文化的禅僧生活、禅宗寺院的塔头形成等也都发挥了重要的作用。

本章以“禅”为其中的一条主线，考察镰仓、室町时代的庭园。

## ❶ 梦窗疏石的庭园

### 渡日僧与境致

在比睿山学习了天台宗密教的荣西（1141～1215）在第二次入宋回国后，便开始传播禅宗，时为源赖朝即将在镰仓开幕府之前的建久二年（1191）。荣西虽受到来自比睿山的宗教迫害，但在接受镰仓幕府的皈依后，于镰仓和京都分别创建寿福寺和建仁寺，打下了日本临济宗的基础。

此后，镰仓时代的临济宗出现了理应称为主流的不同流派，即由中国禅僧直接来日弘扬佛法。渡日僧的代表人物有大觉派的兰溪道隆（1213～1278）和佛光派的无学祖元（1226～1286），他们两人给日本庭园史也留下了不可磨灭的影响。

宽永四年（1246）来日的兰溪道隆受镰仓幕府第五代执政官北条时赖（1227～1263）邀请成为建长寺（神奈川县镰仓市）开山（创始者），建造了中国式禅宗伽蓝。这以后，包括寺院周边环境的选择在内，建长寺成了日本禅宗伽蓝的典范。作于元弘元年（1331）的《建长寺伽蓝布局图》（图 5－1）逼真地反映了镰仓时代该寺的状况。建长寺利用谷户这种镰仓特有的山谷地形，在其入口部分开正门，沿通向尽头的中轴线上井然有序地布置山门、佛殿、法堂和大客殿。寺深处开掘曲池，池旁建观音殿。在佛殿前回廊环抱的中庭内，以中轴线为界两侧各种植五棵圆柏，共计十棵。建长寺选择风光明媚的地方为寺址，建筑物、庭园加之植物造就了综合的环境美。其伽蓝的设计理念也是来自宋代禅宗寺院的设计思想，选择伽蓝及其周边的自然山水、人工的建筑物和桥、庭园等为境致，并逐一命名、题诗唱咏。

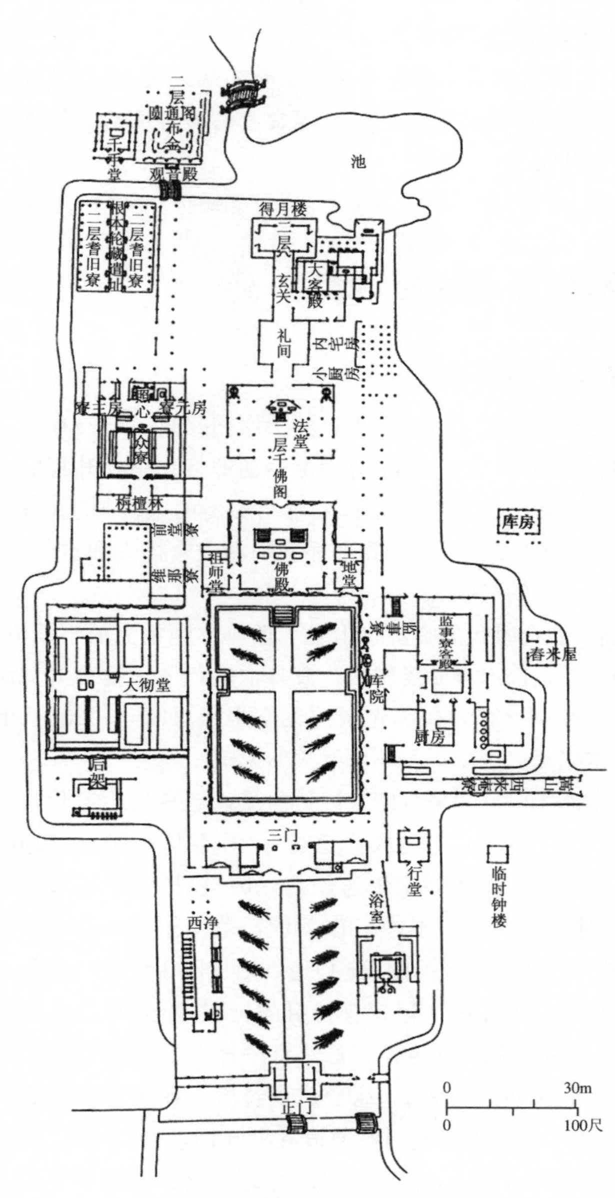

图 5-1　建长寺伽蓝布局图
（引自日本建筑学会编《日本建筑图集》，彰国社）

无学祖元受第八代执政官北条时宗(1251～1284)邀请,比兰溪道隆要晚三十三年而成为建长寺住持,他为了供奉蒙古入侵的阵亡者,创建圆觉寺并出任开山。无学祖元在建造伽蓝时也十分重视境致,利用谷户高低有致的圆觉寺境致与建长寺的相比又有异曲同工之妙。

兰溪道隆滞日三十余载,而无学祖元晚年来日仅待了八年,弟子也不多。不过其中有位名叫高峰显日的弟子,其门下培养出了在日本庭园历史留下深刻印迹的梦窗疏石(1275～1351)。

## 梦窗疏石

梦窗疏石建治元年(1275)诞生于伊势国(三重县),于甲斐国(山梨县)度过了幼少年期。先学天台、真言,后参拜建长寺渡日僧一山一宁学禅,以后拜临济宗佛光派高峰显日门下,嘉元三年(1305)嗣其法。其后归故里开净居寺,先后住持美浓的虎溪山永保寺(岐阜县多治见市)、土佐的五台山吸江庵(高知县高知市)、相模三浦的泊船庵(神奈川县横须贺市)、上综千町庄的退耕庵(千叶县夷隅市)等。据说疏石极力回避在镰仓、京都等中央地区的活动,同时其行动也都远离多数聚合修行的僧人。

正中二年(1325),疏石接受后醍醐天皇(1318～1339年在位)的勅命住持南禅寺(京都市左京区),但翌年就辞职了。回到镰仓在自己开创的瑞泉寺修建遍界一览亭,享受远眺观音堂、富士山之喜悦。这之后又赴甲斐成为惠林寺(山梨县甲州市)开山。当他正庆二年(1333)再次返回瑞泉寺时,镰仓幕府已经灭亡。当年他受后醍醐天皇邀请移居京都,成为临川寺(京都市右京区)开山,翌年转任南禅寺住持。此时派往镰仓疏石处传达勅命的特使是足利尊氏(1305～1358),尊氏终生尊疏石为师。建武二年(1335),后醍醐天皇恩赐疏石"梦窗"这一国师称号,所谓国师号,即朝廷赠给作为国家师表高僧的称号。

历应二年(1339),疏石受室町幕府重臣藤原亲秀邀请成为京都西山西芳寺(京都市西京区)的中兴开山。同年,遭尊氏驱逐移居吉野的后醍醐天皇驾崩,疏石为超度天皇,建议尊氏和其弟直义建立了天龙寺(京都市右京区)。众所周知,为了建造天龙寺,幕府特地准许“天龙寺船”从事日元贸易，以此上缴的税金充当建造费用。观应二年(1351)，疏石在临川寺圆寂，他不仅深受广大僧侣的拥戴，而且受到公家、武家要人的尊崇。

## 疏石眼中的庭园

疏石在生前接受过三个国师称号，圆寂后又被追赠四个国师称号，是当时首屈一指的临济宗高僧。他在造庭方面非常杰出，几经辗转而不改从容，靠的是所到之处的名胜美景，享受远眺的快乐，并常常在这些地方造园。在永保寺、瑞泉寺、惠林寺、西芳寺、天龙寺，疏石所造庭园历经岁月的变迁和人为的修缮，发生过种种变化但都保存至今。如前所述，其风格基于重视境致的禅宗思想，以其对自然的深爱和天生的审美观充分地利用了独一无二的远眺和景观，同时又在西芳寺和天龙寺以石组等来表现禅的本质。疏石在论述参禅要谛的《梦中问答集》第五十七“佛法与世法”中，将庭园爱好者分为三种人：重粉饰、外观而世俗气十足的人，脱俗而倾心于庭园的风雅之人，以求道之心于大自然思考人生理想的人。



好山水既不能说是恶事，也难说就是善事。山水无得失，得失在人心。

这里所谓“山水”指的就是庭园，即喜好庭园非善事或恶事，从庭园得到什么或失去什么，这完全取决于各人的心境。

## 西芳寺华丽的建筑与庭园

如前所述，西芳寺是梦窗疏石受藤原亲秀的邀请出任中兴开山复兴的禅宗寺院，其前身为西方寺，传说创建于奈良时代，在平安时代末期由亲秀祖先的中原(藤原)师员建造了房舍。可以想见，西芳寺庭园恐为原来西方寺净土庭园经改建后的庭园，不同于正规的禅宗伽蓝庭园。

西芳寺庭园在疏石外甥春屋妙葩编撰的《梦窗国师年赋》(文和三年/1354)、其弟子所录疏石教诲的《梦窗国师语录》以及当时贵族和僧侣的日记、李氏朝鲜使节记录的《老松堂日本行录》(应永二十七年/1420)、《日本国栖方寺遇真记》(嘉吉三年/1443)都有记载,从中可窥见往日之盛况。

庭园分上下两层,下层以原有的园池为主,引入西芳寺川河水重新整修成黄金池。池的西岸半岛上建重层的琉璃殿,北岸建西来堂和潭北亭,中岛配湘南亭,池东部架邀月桥,除松树外还植有多种花木,呈现出极其华丽之景观。

樱花也十分漂亮,据洞院公贤的日记《园太历》记载,在疏石复兴不到十年的贞和三年(1347)二月三十日,光严上皇巡幸西芳寺,举行过赏樱宴会,其中还有赛舟。他以"花下之春,欲罢不能"来形容宴会之精彩。相国寺鹿苑院荫凉轩主人与室町幕府关系密切,其公用日记《荫凉轩日录》等中也记录了第六代将军足利义教(1394～1441)和第八代将军足利义政(1436～1490)多次到访西芳寺,春天赏樱,秋天观看红叶。

## 作为修行场所的庭园

上段庭园位于下段庭园的西北面山腰,建有坐禅堂性质的指东庵。邻接指东庵并保存至今的洪隐山石组坚固有力,是处适合修行场所的庭园。下段庭园池与建筑、植物相得益彰,华丽雍贵,而与上段庭园风格迥异。在上段庭园的山顶眺望点建有缩景亭,其东北方向京都市街尽收眼底。疏石的眺望偏好与曾在瑞泉寺建遍界一览亭的好尚一脉相承。缩景亭的位置尚不明确,但据飞田范夫氏(庭园史)的推测是在西芳寺后山东西方向山脊线的西端附近。

西芳寺在应仁文明之乱(1467～1477)当中的文明元年(1469)四月被全部烧毁。此后重建了部分庭园和建筑,天文三年(1534)再度因兵火烧毁。其中建筑每次都得到重建,几经变迁的现存建筑除建于江户时代初期的湘南亭外,其余为明治时代以降的建筑。庭园也是这样,当初与建筑、植物浑然天成的华丽身姿已是对往昔的追忆,如今布满地表的青苔与自然环境相辅相成,呈现出幽邃之趣,甚至以苔寺之别称闻名(本章标题页照片)。现今庭园仍被称为名园是因为遗存下来的庭园布局和石组等还基本保留着原貌(图 5-2)。

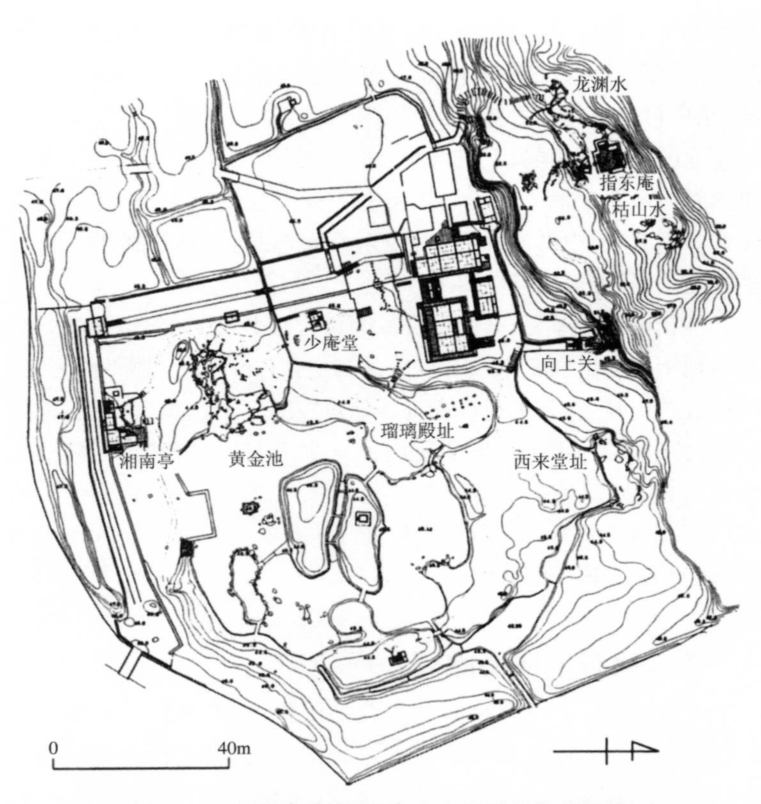


**图 5－2　西芳寺平面图（奈良文化财研究所提供）**



## 曹源池与天龙寺十境

天龙寺紧邻京都屈指的名胜地——岚山，位于桂川（大堰川）东岸。寺院沿袭后醍醐天皇曾经居住的龟山离宫旧地，是足利尊氏邀请梦窗疏石担任开山建立的，目的是为超度后醍醐天皇亡灵。同时它也是典型的禅宗伽蓝布局，自东向西笔直地配置主要殿舍。虽创建以来几经火灾，当时的建筑已荡然无存，然营造在伽蓝中轴线最深处（最西部）的园池——曹源池，依然保持营造当初以池深处西岸为主的原貌（图 5－3）。曹源池背靠龟山、岚山，东西约 35 米，南北约 55 米。庭园主要景色为现存方丈对岸正面的龙门瀑布及其前面的石桥、池中立石附近的石组（图 5－4），在背景中山峦丰茂的绿色和广阔的水面衬托下，形成向心性庭景之焦点，其设计与技术可以说达到了日本庭园史的一个顶峰。龙门瀑布现在已经枯竭，但在江户时代后期编撰的《都林泉名胜图会》（宽政十一年/1799）中绘有水流的样子，另从龙门瀑布后山腰残留的泉水痕迹来看，这里曾在某一时期用木制或竹制的管道引导过泉水。

**图 5-3 天龙寺 以岚山为背景、红叶映衬下的曹源池**

**图 5-4 天龙寺庭园 曹源池龙门瀑布、石桥、池中立石一带**

梦窗疏石在贞和二年（1346）撰写了"天龙寺十境"，即"普明阁"（山门）、"绝唱溪"（大堰川）、"灵庇庙"（镇守八幡宫）、"曹源池""拈花岭"（岚山的山峰）、"渡月桥"（横跨大堰川的大桥）、"三级岩"（户无濑瀑布）、"万松洞"（山门前的松树街景）、"龙门亭"（远眺岚山的茶亭）、"龟顶塔"（龟山顶上的塔）。十境中不但包括伽蓝

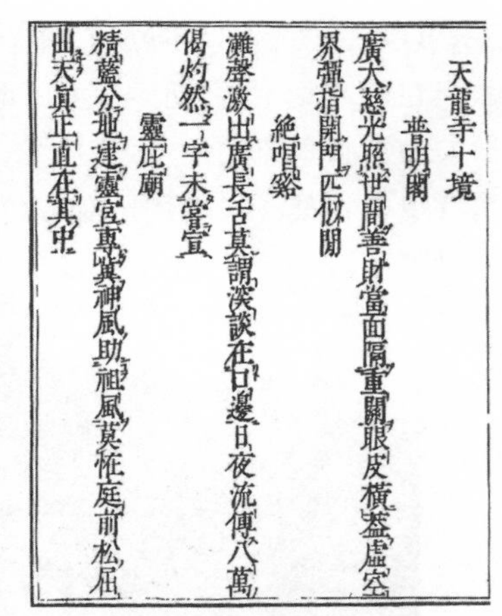

天龍寺十境
普明閣
廣大慈光照世間善財當面隔重關眼皮橫蓋虛空
界彈指開門匹似閒
絶唱谿
灘聲激出廣長舌莫謂湲談在口邊日夜流傳八萬
偈灼然一字未嘗宣
靈庇廟
精藍分地建靈宮專冀神風助祖風莫怪庭前松屈
曲天真正直在其中

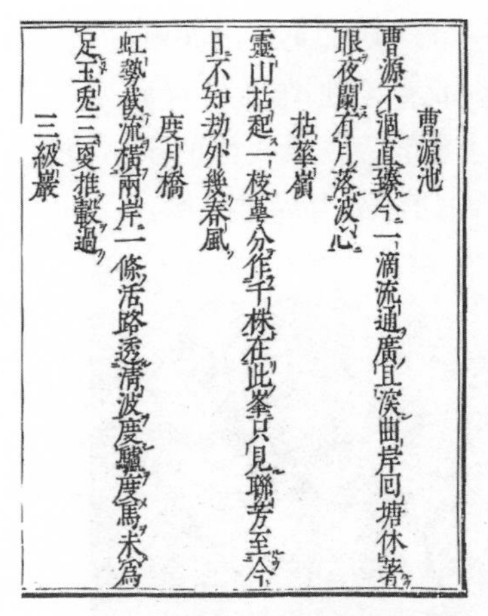

曹源池
曹源不涸直臻今一滴流通廣且深曲岸回塘休著
眼夜闌有月落波心
拈華嶺
靈山拈起一枝華分作千株在此峯只見聯芳至今
日不知劫外幾春風
度月橋
虹勢截流橫兩岸一條活路透清波度驢度馬未爲
足玉兎三更推轂過
三級巖

图 5－5 《梦窗国师语录》所记“天龙寺十境”(部分)

的建筑物和庭园，还将周边的景观包揽其中，从中可窥见禅宗寺院的境致思想。换言之，疏石的构想是将以寺院为主的整个区域都看作禅的理想世界，而新造的园池曹源池也是其中的一景。



## ❷ 北山殿(鹿苑寺)与东山殿(慈照寺)

### 足利尊氏的宅邸与庭园

建立了室町幕府的第一代将军足利尊氏将二条高仓邸、土御门高仓邸等作为自己的住所，还将菩提寺建立在三条坊门高仓的等持寺(非现今的等持寺)当作自己的住处。至于这处等持寺，现存有文和元年(1352)前后制作的《等持寺绘图》(图 5－6)。其中，描绘有观音殿和曾为尊氏住所的方丈(方丈即寺院住持的居所)以及前面宽阔的池庭。曲池配有中岛，形状凹凸有致，延伸至观音殿跟前；而在方丈前面，平坦开阔，没有任何植物。这种设计一箭双雕：一处庭园同时适应佛殿和方丈两种不同功能建筑物的需要。另据《荫凉轩日禄》长享二年(1488)六月三十日条记载，此处等持寺庭园的瀑布石组出自梦窗疏石之手，而其他石组不知是谁叠造的。话虽如此，鉴于疏石是等持寺的开山，对庭园整体设计应该发挥了很大的作用。

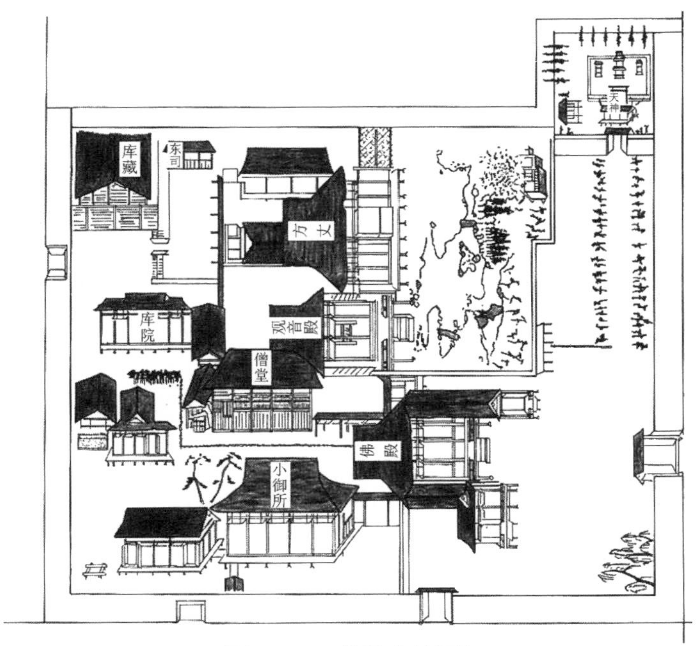


**图 5－6 《等持寺绘图》**
**（飞田范夫氏描摹，引自《庭园的中世史》，吉川弘文馆）**

## 花之御所与庭园

开创室町幕府鼎盛期的第三代将军足利义满（1358～1408），于永和四年（1378）营造了室町殿，即所谓的“花之御所”。其位置在北小路（现今的今出川通大街）以北、毘沙门堂大路（现今的上立卖通大街）以南、乌丸以西、室町以东，即现在京都市上京区乌丸今出川的西北方一带。其规模南北长一町半（约 180 米）、东西宽一町（约 120 米）。以寝殿为主，西部为用于官方仪式的“公共”设施，东部为包括小御所、泉殿会所等的“私密”（日常生活）设施。庭园从东部延伸至寝殿前，引贺茂川河水设计瀑布和细流，而大池为其中心。水景之出彩，正如《繁茂之花之上》永德元年（1381）三月十一日条所记：“活水池荡漾，围绕假山庭……水面逾一町，看似真海川。”

室町幕府在将军交替时，都会营造或改建其宅邸。义满的室町殿成了以后将军宅的典范，第六代将军义教和第八代将军义政也袭用此地，将改建后的室町殿作为御所。义教在永享元年（1429）成为将军，开始时将第二代将军义诠（1330～1367）以来的将军宅之一的三条坊门殿作为御所，两年后的永享三年改建了其父义满的室町殿当作新御所(上御所)。义教的室町殿区划有三个建筑群——用作公共仪式的寝殿、将军日常起居的常御所、作为社交场所的会所，并分别建有相应的庭园。其中，由陆续建造的三栋会所和观音殿等组成的会所区庭园是一座引贺茂川水的杰出池庭，这在史料中也有记载。恐怕是沿袭了义满室町殿园池的庭园。义满室町殿中所见的宅邸内部空间设计以及建筑与庭园的融合，既是室町时代以后守护、国人(当地领主)等在领地营造住宅时的范本，也成为普及到各地的庭园文化的源头。

### 北山殿与金阁

以金阁寺的通称闻名的鹿苑寺(京都市北区)原为足利义满仿效仙洞御所建造的北山殿(北山山庄)，其殁后舍为禅寺。北山殿的前身是镰仓时代初期西园寺公经(1171～1244)在著名名胜地北山的衣笠山麓营造的北山第，换言之，是一座继承了选择名胜地营造别墅这一平安时代以来传统的山庄。有关建成后不久的西园寺家族的北山第，藤原定家在日记《明月记》嘉禄元年(1225)正月十四日条中这样记载：落差四十五尺(约 13.5 米)的瀑布、碧波荡漾的池水等，所有的一切都十分珍奇、好看，为此得出了“泉石(庭园)之清澄，无可伦比”的结论。从室町时代初期的历史故事《增镜》等的记述中也能得知，西园寺家族在当时拥有权势，与镰仓幕府关系密切，其北山第以眺望见长，是一座镰仓时代初期屈指的名园。

应永四年(1397)，义满通过领地交换的形式从西园寺家族接受了北山第，经过大规模改造营建了北山殿，应永十五年(1408)三月其迎接了后小松天皇的行幸。在北山殿寝殿、小御所等许多建筑物中，大放异彩的是三层楼阁的金阁(图 5－7)。据川本重雄氏(建筑史)的研究，金阁的一层原为住宅功能的空间，二层是使用棂格窗的和样风格佛堂，三层是使用花头窗的唐样风格的佛堂。金阁的一、二层以梦窗疏石建造的西芳寺重层楼阁瑠璃殿的一层为范本，而三层以其二层为范本。临池建造的金阁不仅是庭景的焦点，而且与西芳寺瑠璃殿一样，还具有饱览园内外景色的功能。

金阁建在园池的北岸，池的名字叫镜湖池，是在西园寺家族北山第园池基础上整修而成。现今的镜湖池南北约 100 米，东西长

**图 5-7 鹿苑寺(金阁寺)庭园中镜湖池和金阁**

120 米。自西突出一大块半岛,池中央除置芦原岛外,还配有包括岩岛在内的许多小岛。飞田范夫氏在核查绘画史料和现实状况后指出:西园寺家族的北山第园池往南更大,义满的北山殿基本上沿袭了原来的园池规模。镜湖池上方的安民泽利用的是山里的泉水,它成为镜湖池的水源。京都市埋藏文化财研究所的发掘调查表明,安民泽充分体现了镰仓时代的特征,而《明月记》所记四十五尺落差的瀑布利用的是安民泽与镜湖池的海拔差。

鹿苑寺在应仁文明之乱后荒废。其后在江户时代初期,该寺住持凤林承章对建筑和庭园进行了大规模修理,现状的不少部分就是当时整修营造的。北山殿以梦窗疏石的西芳寺瑠璃殿为范本,建造黄金楼阁金阁作为庭景的焦点。足利义满对明王朝自称日本国王,北山殿对其而言或许意味着王者的空间。

## 义政所执着的东山殿

有人指出第八代将军足利义政执政能力低下,例如,由于频频发布《德政令》造成经济的混乱,围绕后继将军职位引发了应仁文明之乱等。但另一方面,他对建筑、庭园或文艺表现出强烈的兴趣,由公家文化、武家文化和禅僧引进的中国文化融合而成的东山文化的全面繁荣出现在义政时代。

以银阁寺闻名的慈照寺(京都市左京区)原为义政营造的山庄东山殿,其殁后舍为禅寺。义政颇具庭园趣味,酷爱西芳寺,早在宽正六年(1465)左右就开始物色适合营造山庄的地方,由于应仁文明之乱的爆发只得放弃。在平息暴乱后的文明十二年(1480)重新在嵯峨和岩仓等地寻找候选土地,最终在东山的净土寺山麓没收了延历寺分寺的净土寺寺地(墓地),于文明十四年着手营造山庄。营造一直持续到义政过世后的延德二年(1490)。

义政这种近乎异常的执着从山庄营造的过程中也能看出。根据《荫凉轩日禄》《大乘院寺社杂事记》《实隆公记》等当时的文献史料记载,义政不但让公家、武家和寺院、神社等进献庭园用植物、石块,而且近乎掠夺般搜刮名木和名石。

东山殿在下部开凿园池、上部配置枯山水石组,这种设计以及建筑物名称和相互间的位置关系等,都是以义政理想中的西芳寺庭园为范本的,其本人也经常到访。不用说,银阁也与金阁一样,是以西芳寺瑠璃殿为范本的。

在义政去世的前一年,荫凉轩主龟泉集证和横山景三(五山文学的代表禅僧)一起访问东山殿。据《荫凉轩日录》长享三年(1489)六月十六日条记载,庭中除泉殿外,配置有钓秋亭、弄清亭、漱苏亭等,二人就在架设池中的亭桥(桥中央建有亭子的桥)——龙背桥上稍事休息后,又绕建筑走了一圈。除银阁、东求堂和会所等主要建筑外,在园池周边按需建亭,为了环游的方便还在池上架桥。这种设计让人想起江户时代的环游式庭园。

## 面貌改观的金阁寺、银阁寺

如前所述,东山殿在义政殁后成为慈照寺,其后在战国时代荒废不堪。进入江户时代后,在元和元年(1615)宫城丰盛复兴该寺,进行了大规模的整修,除银阁外包括东求堂等建筑都移动了位置,现今的锦镜池的形状和护岸石组等多为当时整修后形成的。从江户时代中期到后期又增加了向月台(用白川沙堆积后形成的圆锥台物体)、银沙滩(在地面铺设厚厚的白川沙,用木钉耙梳理出沙纹)等现今银阁寺庭园特点的设计,现在所看到的样子基本上是这个时期完成的(图 5-8)。

综前所述,义满的北山殿和义政的东山殿都是受梦窗疏石西芳寺的影响建造的山庄,东山殿受影响的程度更深。而且,北山殿

图 5－8　慈照寺(银阁寺)庭园中银沙滩和向月台

作为鹿苑寺、东山殿作为慈照寺保存至今，不过两者都在江户时代初期进行过大规模整修，现在所看到的样子与室町时代营造时的模样发生了很大的变化，这点是十分需要留意的。

## ❸ 鉴赏的庭园——枯山水

### 作为庭园样式的枯山水

如第四章所言，枯山水这个词语的首次出现，是在记述平安时代后期寝殿造庭园的《作庭记》中。书中有如下记载：

> 在既无池水又无细流处立石，为之起名枯山水。其枯山水样子作片山山麓或野筋等，之后立石。

这里所述"枯山水"，是以池为主展开的寝殿造庭园的局部手法。换言之，指在远离庭园中池水和细流的场所，即"片山"(单侧陡峭的假山)的山麓和"野筋"(带状形微微隆起的坡地)的周边叠立的石块和石组。

但现今通常所理解的"枯山水"并非如上所述的意思，而是作为"庭园样式"的枯山水，即不用池水而以石组为主象征性表现自然景观等。这个意义上的枯山水在室町时代前期已出现萌芽，作为一种样式大致成立于室町时代中期前后。从飞鸟时代以降的日本庭园的历史来看，池水及其细流、瀑布等能够自由自在改变形状的水体是其极其重要的、不可或缺的最佳组成部分。

有关这点，诸说纷纭。不过，恐怕可以这样说，室町时代中期的时代因素给予了庭园各种不同的影响。

## 枯山水样式的诞生

首先，《作庭记》所言作为局部手法的枯山水传统是枯山水样式诞生的基础。始于寝殿造庭园局部手法的这种枯山水其后得到了发展性的继承。例如，本章第一节谈到的梦窗疏石营筑的西芳寺洪隐山石组等具有力感，其自身就是座独立的庭园。同为梦窗疏石所作的天龙寺龙门瀑布石组可能原来是存在流水的瀑布石组，石组自身也威仪凛然。

其次，以风景为题材的中国山水画等的传入，也促成了作为庭园样式的枯山水的诞生。继足利尊氏创设天龙寺船从事日元贸易之后，足利义满以朝贡的形式与明代开始了贡船贸易。当时从中国进口的商品主要是铜钱，同时也输入了被称为唐物的书画和陶瓷器等，其中的山水画最有人气。当时去中国的人中也有不少禅僧，他们很会鉴赏唐物，同时带回了包括山水画在内的唐物，多为自己寺院所有。一般山水画表现的是“咫尺千里”的缩景理念，在有限的画纸上浓缩千里之景。另外还有一种“残山剩水”的技法，假若景色不能全部画入画面的话，通过不绘任何东西的余白形式留给赏画人想像的空间。于是，十五世纪中叶在禅宗寺院的庭园中，就将这些山水画理念和技法运用到立体化枯山水营造中去了。

《荫凉轩日录》文正元年(1466)三月十六日条记载有足利义满参观善阿弥筑在荫凉轩内睡隐轩庭园的“小岳”，其园中不作水池。善阿弥即山水河原者，是受到义政重用侍奉将军的同朋众(在将军身边从事手艺和茶事等僧人打扮的人)中的作庭高手。小岳“其远近峰涧(山和谷)呈奇绝之势”，是具有远近感的绝妙造型，可以推测具有现今我们所想像的枯山水庭园形态。不过，仅靠以上记述，尚不能肯定小岳是土筑的假山还是石组。但是，综合文中的“奇绝”之形容和善阿弥擅长石组来考虑，至少是组合石组要素的造型，这种看法还是可取的。其精湛的造型使得义政“百看不厌，忽然忘却了归路”。所谓山水河原者，指的是室町时代被歧视的阶层——河原者中，从事造园工作的人，这种行业一直持续到江户时代初期。

## 盆景与枯山水

第三点是当时武家住宅的社交和招待客人的方式也是枯山水样式诞生的重要因素，其中凹间和高低搁板上装饰艺术品的室内装饰起到了重要的作用。通过装饰唐物等稀罕的艺术品，炫耀自己的所有物，同时认为展示这些艺术品也是“招待”客人之一种方式。

盆景似乎也起到了此类室内装饰屋外版的作用。所谓盆景，即使用小石、白沙或植物等，在浅底盆中展现缩小版的风景。在绘画史料中，作于镰仓时代后期的《春日权现验记绘》中所绘藤原俊盛宅邸外廊台架上的盆景最为著名，此外，同为镰仓时代后期作品的《法然上人绘传》等中也有相关描绘。室町时代制作的《祭礼草子》中，在墙上挂有画轴、高低搁板上装饰着工艺品的屋子外廊上放着台架，上面有一大一小两个盆景。这幅画表明在室町时代盆景是与室内装饰有着同样视觉效果的装置，目的是为了招待客人。假若将这类盆景放在与房间邻接的地面上，而且也不使用水的话，它就是名正言顺的枯山水了。

枯山水不讲究择地和占地大小，而且便于管理，可以形成意念上的造型。因此，在近世以后，以寺院庭园为主得到推广，不仅式样多变，而且数量也很多，成为了日本庭园的典型样式，并以此闻名。

## 立体的山水画——大仙院书院庭园

迎古岳宗亘（1456～1548）为开山创建的大仙院（京都市北区）正殿建于永正十年（1513），是大德寺塔头中最老的方丈建筑。按通常的方丈建筑设计，朝南前后两排各三间房共六间，后排东端的书斋设计有凸窗，西邻寝室和储藏室“眠藏”，可以看出这建筑物具有住宅的功能。从正殿的北面东部到东面，在约 100 米的钩子形区域营造庭园，是一座典型的坐观式庭园，从住持居住的书房能够清楚地鉴赏庭园(图 5 - 9)。

**图 5 - 9　大仙院方丈庭园　具象设计的枯山水杰作**

用植物造型和大立石表示远山和悬崖,而以其背后的立石象征瀑布。此外,用各种颜色和形状的石头表现瀑布落下形成的细流、细流流经桥下汇合成大河的意境。面对大自然景观,不仅缩小地加以模仿,而且表现得明快且具象,其手法可谓如前所述的"山水画的立体化"。还有值得注目的是,在使用大石或色彩丰富的石头的同时,通过缩小庭园的地基与建筑物外廊的海拔差这种技巧,而使得庭园具有了独一无二的魅力。

纵览日本庭园的历史,对石头的执着为其特色。尤其是不使用水的枯山水,石头在其景观中起到了绝对重要的作用。根据尼崎博正氏(庭园史)的调查研究,大仙院庭园所用石头约 70%的石块是结晶片岩。结晶片岩是由于区域变质作用生成的岩石,在日本,典型的结晶片石产自南接中央构造线(从长野县经纪伊半岛、四国至九州中部的大断层线)、从关东地区延至九州的三波川变质带。以“青石”为代表的色彩艳丽、如薄板重叠般的条纹质感,尤其在十六世纪至十七世纪前半期,即室町时代后期至江户时代,在京都深受欢迎,被用作庭园景石。

在营造大仙院书院庭园时期,运来京都的结晶片岩可能产自纪州(和歌山县)和阿波(德岛县)。尼崎氏因此得出结论:因为含红帘石石英片岩、赤铁矿石英片岩各一石的点纹结晶片岩约占10%,所以大仙院书院庭园的结晶片岩应产自纪州。

那是谁设计了这座杰出的庭园呢?《古岳大和尚道行记》中见有“禅余植珍树移怪石,以作山水之趣”。因此,开山古岳宗亘造庭的观点更为可信。另在室町时代公家鹫尾隆康的日记《二水记》享禄三年(1530)五月十四日条记有“观大全(大仙)庭园,此近来一快事也”,这从年代上支持了古岳宗亘造庭的观点。

## 弗罗伊斯所见枯山水

《日本史》(*Historia de Japan*)是耶稣会葡萄牙人传教士路易斯·弗罗伊斯(Luís Fróis,1532~1597)为记述该会在日本的传教史而撰著的史料文献,它通过外国传教士的目光以编年体形式详细地描绘了当时的日本,其中也见有庭园的记录。在到访梦寐以求的京都的永禄八年(1566)的“值得看的都城市街及周边景物”记载中,弗罗伊斯记述了东福寺、足利将军宅邸、细川管领宅邸、大德寺的两处塔头、鹿苑寺、东寺等七处庭园。在这七处庭园中,他比较详细描述了大德寺两塔头中的一处枯山水庭园。

> 穿过设计精妙、豪华的门,我进入其中一处僧院,并抵达铺满方形石头的回廊。这回廊两侧的墙壁像是涂了漆般雪白、有光泽。回廊的一侧有座庭园,为了这座庭园从远方运来了特别的石头,用它堆叠成了人工假山或是山冈。在这座岩山上栽种各种小树,有小径宽 1.5 拃(palmo,1 拃约合 22 厘米),架有小桥,此般技巧在这里运用得精湛绝伦。地面的一部分铺着大粒雪白的沙子,其他部分铺着小粒黑石。其间布置数块高 1 科瓦多(côvado,1 科瓦多约合 66 厘米)或 2 科瓦多

的自然石块，地表面长满蔷薇和花草，听僧人们说一年中这些花草轮流开放。（日文版 松田毅一、川崎桃太译《全译本弗罗伊斯日本史 1》中央文库版）

从上述的描写可以看出，这座庭园多用石块叠山，地面铺满白沙和小粒黑石，各处布置一米或一米以上的景石，假山上植有各种各样的灌木，同时有条宽 30 厘米的小径，还架有同样宽度的小桥。换言之，可以断定这是一座具象地体现自然景观的枯山水，制作技巧超群。"大粒雪白的沙子"产自京都市左京区北白川，是自古用于铺设庭园地面的白川沙。从远方运来庭石的传闻记述参照大仙院书院庭园的庭石来自远方的事例，其真实性可靠。有趣的是僧侣所言花草轮流开放的话语，的确在现存的枯山水庭园中，比如大仙院书院庭园植有山茶花古木，也有冬天开花的例子，但要做到四季开花来点缀枯山水恐怕难以实现。这让我们知道当时的枯山水曾有过这些栽植。



## 用于观赏的庭园

弗罗伊斯在介绍大德寺宗派的禅宗具有现世利益的教义之后，还描写了僧侣住宅的优雅、清洁以及他们擅长造园技巧。接着还列举其中的理由：为了这些建筑物和庭园，许多贵人不远万里从各地跑来一睹为快，况且能够有幸目睹的人仅限于皈依者（施舍者）。从这些记述可以看出，虽然建筑物和庭园只对一部分人开放，但它作为一种旅游资源十分重要。庭园不仅是居住者僧侣自身的私物，而且还是为到访的皈依者提供舒适的非日常感受的招待装置，换言之，可以说具有作为旅游资源的重要功能。

而弗罗伊斯所详细描述的大德寺塔头究竟是哪个？这也让人饶有兴趣。有关这点，翻译者松田毅一氏（日欧交流史）推测以天主教大名大友宗麟为檀越（施主）、创建于天文四年（1535 年）的瑞峰院即为此塔头。顺便提一下，现存瑞峰院方丈、玄关为创建时建筑，方丈前庭是昭和三十六年（1961）重森三玲（参阅第八章第 140 页）所作。

## 白沙与石头造型——龙安寺

相对大仙院和弗罗伊斯所见庭园的这些具象地表现自然和人文景观的枯山水，龙安寺方丈庭园(京都市右京区，图 5－10)是以抽象设计而闻名的枯山水。

图 5－10　龙安寺方丈庭园　自东北面所见石庭全景

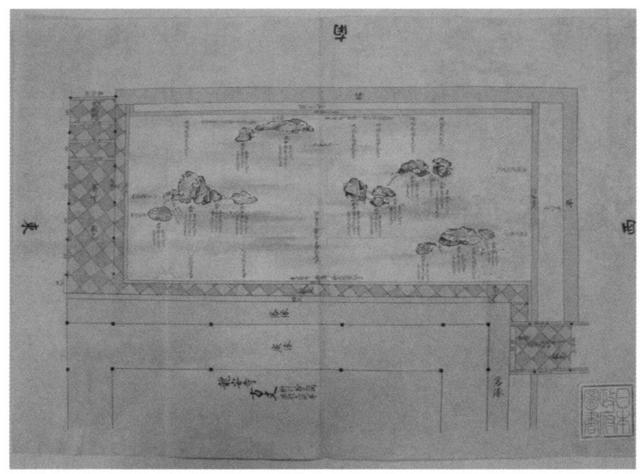


图 5－11　《龙安寺方丈前庭之图》(日本国立公文书馆藏)

在室町时代中期，细川胜元(1430～1473)买下了德大寺家族自平安时代以来拥有的领地，迎义天玄承创建了龙安寺。由于应仁文明之乱，寺院被毁，后在细川政元（1466～1507）的资助下由德芳禅杰重建。其后香火旺盛，但在宽政九年（1797）大火烧毁了大部分伽蓝，现在的方丈是移建而来的塔头西源院的方丈。

以石庭著称的方丈庭园是一座枯山水庭园，用夯土墙围绕，在占地不足三百平方米的平坦地面上铺满白沙，上面放置五组大小十五块石头。有关其造园时期，有室町时代创建时营造的和重建时营造的两种意见，但综合丰臣秀吉造访龙安寺时咏庭前垂樱的诗，江户时代以降禅宗寺院积极开发方丈南面的造园空间，以及作于江户时代早期的《龙安寺方丈前庭之图》（图 5 - 11）符合现状石组布局等来看，现状形成于江户时代前期的观点比较合理。也有人认为造园是在宽政火灾后、移建西源院方丈时进行的，但这有悖于以上所述图纸的时间以及昭和五十二年（1977）发掘调查的成果。

## 配石之妙

有关造园作者诸说纷纭，仅就江户时代初期而言，就有茶人金森宗和、擅长建筑和造园的茶人大名小堀远州等人，但都不确定。不过，图纸自东（正面左侧）第二组石群中心的伏石上刻有“小太郎・清（彦）二郎”的名字，应该是实际从事施工人的名字，这不会有错。至于其意图，有出自中国故事的“虎背虎仔渡河”“十六罗汉”“七五三”的吉祥表现等各种解释，但究竟如何，尚不明白。

龙安寺庭园也扬名海外，甚至被当作日本庭园的典型来看待，然这类石庭即便在枯山水中也属少数。仅限江户时代的庭园来看，除明显受其影响营造的桂氏庭园（月之桂庭园，山口县防府市，参阅第七章第 128 页）外，类似庭园屈指可数，仅有妙心寺东海庵（京都市右京区）中庭等。

那至今仍吸引着国内海外的男女老少蜂拥踏访的龙安寺方丈庭园的魅力又是什么呢？说到底是其配石之妙吧。在地面上排列盆景为其庭园之特色，飞田范夫氏的这种解释值得首肯。面向游客有做这样的说明：无论从哪个角度看，都不能看到全部的十五块石头。这些配石是按照哪种顺序布局的？坐在庭前苦思冥想或许也是一种快乐。此时，你也可以回想下《作庭记》中的立石理念：“需要先竖立醒目的中心石，接着为配合它在其周围布置石头。”

# 第六章　数寄的空间
## ——乱世的美意识

一乘谷朝仓氏遗址中义景馆遗址池庭

应仁文明之乱以降的室町时代后半期即是所谓的战国时代，各种不同出身的战国大名争先恐后地在自己的住宅中营造独具风格的庭园。如前章所述，枯山水样式就诞生在这个时代，战国大名的住宅等中也营造有此类庭园。伴随这一动向，庭园文化开始向全国各地传播并扎下了根，其意义极其重大。

在应仁文明之乱的战场京都的复兴过程中，町众增强了自己的经济实力。以町众为主产生了不同于武家和僧侣们"书院茶"的"草庵茶"。进入安土桃山时代后，草庵茶经过堺町众出身的千利休之手作为佗茶大功告成。作为茶室庭园空间的露地应运而生。佗茶美意识之精髓从利休到古田织部、小堀远州代代相传，其近乎完美的高雅也对江户时代的庭园和建筑等产生了重大的影响。

同在安土桃山时代，作为一种建筑样式，书院造的地位得到了最终的确立，建筑物内主客间的座位是固定的。这催生了“书院造庭园”的思路：从固定的视点看庭景。这种意识十分强烈。在此，吸引眼球的名石和豪华的石组或珍奇的栽植等起到了很大的作用。

本章介绍生机盎然的乱世期庭园历史。

## ❶ 战国大名的庭园

### 传播到地方的庭园文化

室町时代前半期的京都住着许多各地的守护大名和与室町幕府有着密切关系的国人（当地领主），呈现出煞是“武家都城”的景象。这些守护大名和国人在自己领地效仿京都的将军宅邸营造宅邸。如第五章所述，在第六代将军足利义教的室町殿，规划有作为公共仪式场所的寝殿、作为住宅的常御所以及作为社交和招待客人场所的会所这三种建筑群，同时分别营造有庭园，而守护大名和国人的宅邸好像也是以这类结构为范本建造的。

例如，以北飞驒为据点的国人、与室町幕府有直接关系的江马氏。根据对其宅邸遗址（江马氏下馆遗址，岐阜县飞驒市）的发掘调查，其占地南北宽 97 米，东西长 114 米，近方形，用土墙围绕，规划有主殿（武家住宅的主建筑，由寝殿造变化而来，大致具备了书院造要素）、常御殿和会所三处建筑群。引进此类建筑物布局是在十四世纪末至十五世纪前期，即在室町时代比较早的时期，其后在十五世纪末期按同样的布局重建。庭园一开始就有，在其西南部发掘了许多大块立石，而配置中岛的池庭是在会所重建后营造的，最初的模样不得而知。发掘后的庭园其护岸石组和景石等，采用遗址保护的手法进行整修，与复原重建后的会所、夯土墙交相辉映，恢复了往昔的英姿（图 6－1）。

由于应仁文明之乱，京都成为战场。在这以后的室町时代后半期，以前多居住在京城的守护大名和一部分国人，除在幕府身居要职的人外，大都打道回自己领地。其结果是守护大名和国人的

**图 6-1　江马氏下馆遗址庭园(整修后景观),池和景石是原物,建筑物是复原建筑**

领地宅邸得到了进一步的充实,同时庭园和庭园文化也随之传播到了各地。十五世纪以降,统治领地成功的守护大名以及推翻守护大名的守护代和国人摇身成了战国大名统治各地,在其宅邸中庭园是不可或缺的组成部分。

## 东氏馆与大内氏的庭园

说起东常缘(1401～1484),现在没有多少人知道他的名字。他是个以美浓郡上为据点、与室町幕府关系密切的国人、歌人、和歌学者,向特定的人群传授"古今传授",即讲解有关《古今和歌集》中词语的奥义。从常缘那里学到古今传授的是连歌师宗祇(1421～1502),宗祇又将这学说传授给公家的三条西实隆和公家出身的连歌师肖柏。常缘长年住在京都,但在其领地的住宅遗址(东氏馆遗址,岐阜县郡上市)中发掘出了庭园(图 6-2)。

在宅邸南部靠山处发现的园池东西长 25 米、南北宽 11 米,形状简单,近椭圆形,中央靠南处配置中岛,池和中岛的护岸全为石组。这座庭园的营造时期为文明元年(1469)后不久。虽然没有发现对应园池的建筑物遗址,但在北侧理应存在过观赏庭园的建筑。

大内氏从周防国守护大名发迹成为西国第一的战国大名,在其宅邸遗址(山口县山口市)也发掘出庭园。占地约 160 米见方的

**图 6-2　东氏馆遗址庭园(整修后景观)发掘后的池和主要景石**

**图 6-3　大内氏宅邸遗址中的枯山水(整修后景观)　大内义隆时代遗存**

宅邸遗址上发现了两处庭园遗构。东南角的园池南北宽 39 米、东西长 20 米,椭圆形,北岸呈直线状,中央配置中岛。护岸中北岸用垂直型石头堆叠而成,其他处使用石组,坡面延至石组上部,上面栽种植物。造园时间应在十五世纪末期的大内义兴(1477～1528)的时代。另在西边北部发现了枯山水,附属于会所或小客间之类的建筑物,南端竖立有高 1.7 米的立石,象征瀑布,从这里往北铺满去角小石,象征流水(图 6-3)。枯山水造园时期应为大内义隆(1507～1551)任家主的十六世纪中叶。

## 一乘谷朝仓氏遗址的庭园群

一乘谷朝仓氏遗址(福井县福井市)是处越前战国大名朝仓氏的城下町遗址,自文明三年(1471)起历经五代家主的百年经营。自天正元年(1573)第五代家主朝仓义景(1533～1573)为织田信义所灭,其后再也没有谁在此因袭筑城,因此遗址保存状态良好。根据发掘调查的深入,战国城下町的实况不断被判明,在此基础上复原了当时的建筑物和庭园。城下町的两侧是山,一乘谷川自西南流向东北,在沿河细长的平地上筑有上城门和下城门,朝仓氏宅邸和武家住宅以及寺院和商家在这里鳞次栉比。在一乘谷朝仓氏遗址,共有十余处庭园遗址得到了确认,除朝仓氏相关的庭园外,还有营造在寺院和武家住宅内的庭园遗构。

其中,汤殿遗址庭园、诹访馆遗址庭园保存完整,既没受到破坏也没埋在地下。两者都在山腰上的平整土地造园,庭园建在朝仓氏别馆中,以池庭闻名,设计上多用立石,遒劲有力。汤殿遗址庭园确切的营造年代尚不明了,诹访馆传为义景侧室而建。同样遗存在地上的南阳寺遗址庭园以大块石头叠成的枯瀑和枯池为主,据说是永禄十一年(1568)为第十五代将军足利义昭巡幸举行歌会而建造的。

朝仓氏宅邸(本馆)沿一乘川东岸山麓营造,面积约五千八百平方米。东以山麓为界,北、西、南三面以壕沟和土墙环绕。昭和四十三年(1968)至四十八年(1973),奈良文化财研究所等曾对此进行发掘调查,末期义景时代的宅邸遗构保存得极其完好。十数栋建筑物规划包括以西南部主殿为主的仪式空间、由东南部会所和小客间组成的招待客人的空间、由北部厨房和汤殿组成的日常生活空间。其中,在招待客人空间的会所与泉殿中间的空地及小客间的东面发掘出了庭园。前者有长方形土台,使用石板和卵石围起来,可以判断这是处花坛,主要目的是用于从会所的观赏。这个时代,使用花坛展示花卉是庭园的一种功能。

而后者池庭活用了山麓的地形(本章标题页照片)。池沿着山麓,大小长 18 米、宽 1.5 米～3 米,深 20 厘米,很浅。护岸使用大小石头砌出石组,池底铺满扁平的川原石。池东部自南为瀑布石组,面对水落石右侧置高 2.1 米的泷副石,前方置水分石(放在瀑布前,将飞流直下的瀑布一分为二的石头）。在后山腰使用石头组成的葛藤般弯曲的引水渠，使得从山中引来的泉水形成瀑布滔滔不绝地落下。这座池庭设计十分精炼，如前所述，是义景为足利义昭的巡幸特地营造的。

## 多样化庭园设计的意义

除前面介绍的东氏馆遗址、大内氏馆遗址、一乘谷朝仓氏遗址等外，在各地的战国大名等的宅邸遗址中，还发掘出池庭、枯山水等各种形态且具有个性的庭园。例如，松波城遗址（石川县能登町）的枯山水用颗粒一般大的扁平小石砌得满满的来表现水流，池田城遗址（大阪府池田市）的枯山水配置了沉甸甸的石头，高梨氏馆遗址（长野县中野市）的池庭将围绕宅邸的土墙象征成假山。

曾经有人这样总结战国大名宅邸庭园的特点：具有复杂形状的园池，石组使用大块石头，豪迈有力。这是从一乘谷朝仓氏遗址的汤殿遗址和诹访馆遗址的庭园、北畠国司馆遗址（三重县津市）的池庭（图 6－4）推导出的结论。但如前所述，从近年发掘的庭园遗构来看，战国大名宅邸庭园很明显呈现出多样性，难以用单一的解释来说明。

**图 6－4　北畠国司馆遗址庭园**

这种多样性的理由在于当时的庭园是附属于会所而营造的。室町时代会所的功能是游乐、社交和招待客人。如第五章所述，在室内装饰贵重的艺术品就是一种对客人的款待手段。这种室内装饰偏重喜新猎奇，其典型即为喜好唐物。在庭园设计中也存在同样的思维。

在战国大名的意识中，社交场合夸示文化力的高水准与宣示武力互为表里，是一件非常重要的大事。基于这种思路，在观赏战国大名等的宅邸庭园时需要注意，它除具有复杂的平面和豪迈的护岸石组的园池外，还有平面的、单纯的、少有自我主张形状的园池，有枯山水，也有几何形设计的花坛。可以说这种多样性考虑了各自宅邸的择地条件，同时也体现在独出心裁的招待客人的方式上。有关这种招待客人的具体内容，下一节所涉及的吃茶也发挥了重要的作用。

## ❷ 茶与露地

### 市中山居

镰仓时代以禅宗寺院为主的吃茶，在南北朝时期盛行饮茶猜产地的斗茶，这在武家之间早已娱乐化；到足利义政时代得到进一步提炼，以将军家为主举办寂静的茶会。吃茶风俗虽然发生了这些变化，但吃茶的场所一直没变，仍是会所等书院造谱系的建筑物。

在这里需要重申的是，所谓书院造是从贵族住宅寝殿造蜕变而来的武家住宅样式。柱采用方柱，地面上铺榻榻米，房间用杉木板门、隔扇、拉门等建筑构件，凹间、高低搁板、凸窗等为其特点。作为一种建筑样式，最终完成于安土桃山时代，到室町时代前半期已经相当成熟了。

以这类书院造谱系建筑物为舞台的是“书院茶”，而与之截然不同的是“草庵茶”。这里所言“草庵”，指与书院造谱系迥然不同的建筑物，它效仿以土墙加草或稻草葺顶的庶民住宅(民居)，建造在都市内。草庵茶以这类建筑物为舞台，颇有新意。这后来以侘茶的形式大成于千利休(1522～1591)之手，传承其风格的三千家为当今茶道的主流。

被誉为草庵茶之祖的是村田珠光(1423～1502)。珠光在做了奈良称名寺僧侣之后来到京都，他擅长器物鉴定，在大德寺一休宗纯手下参禅。他将禅视为茶汤的思想背景，发明了草庵茶茶室的先驱——四帖半茶室等。这种草庵茶作为一种社交手段，在因战乱积蓄经济实力的町众阶层中广泛传播。

继承珠光的是宗珠，或说是他的亲生儿子，或说是其养子。根据连歌师柴屋轩宗长的吟行日记《宗长日记》记载，宗珠在下京营筑的午松庵入门处栽种松树和杉树，篱笆内侧爬山虎缠绕，营造出山林的气氛。公家鹫尾隆康在日记《二水记》天文元年(1532)九月六日条描写午松庵时这样写道："尤感有山居之趣，诚可谓市中之隐。"并感叹道其为"当时(现代)数寄之鼻祖"。这里所谓"山居之趣""市中之隐"意为身居市中而追求山林之趣，是非常典型的都市美意识。

在从战乱走向天下统一这急剧动荡的年代里，这种美意识得到了进一步的升华，大成于千利休的侘茶。耶稣会传教士、葡萄牙人陆若汉(João Rodrigues Tçuzu，1561～约 1633)等人编撰的《日葡辞典》中收录了"市中之山居"(Xichŭno sāqio)一词，这词在经历十六世纪后固定了下来，普及到一般民众。



## 不妨碍吃茶的庭园

武野绍鸥(1502～1555)从宗珠处继承并发展了草庵茶。《山上宗二记》中有张传为绍鸥泉州堺住宅的茶客间图(图 6－5)。四帖半的茶客间北面(图纸正前)设帘子外廊，其前面为"正面内园"。茶客间的侧面有"侧面内园"，南北狭长的侧面内园的南北各有一处出入口，客人从这里进出内园，然后上帘子外廊进入茶室。正面内园和侧面内园是茶室周围的空地，即所谓的庭园。有关当时的茶庭，书后有利休署名的茶书，《数寄道大意》中见如下记述：

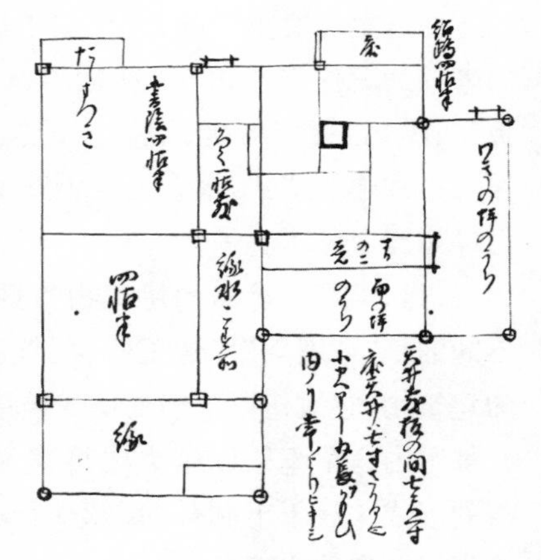

**图 6－5　武野绍鸥住宅茶室图**
**(引自《山上宗二记》)**

> 庭园样子四帖半，前面不植草木、不立石、不铺沙，也不摆放栗子石。理由是以不分散客人的视线为好。为的是将精力集中在御茶中，不为其他名物分心。

根据以上记述可以看出，为了专心致志地点茶，绍鸥的四帖半茶客间前正面内园是处不置任何栽植、景石等的空间。而侧面内园作为通往茶室的实用通道空间，开始发挥其功能。就这个意义而言，侧面内园才是茶室周边空间——露地的原型。

## 千利休与草庵茶之大成

进入安土桃山时代，千利休以佗茶的形式成就了草庵茶。千利休出身于堺有权势的町众家庭，早年跟北向道陈学茶，其后师事武野绍鸥并继承草庵茶做法。之后，与今井宗久、津田宗及一起被织田信长提拔为茶头（负责茶事的官员），同时作为茶头侍奉丰臣秀吉（1536～1598）。众所周知，利休虽是秀吉亲信，但因为冒犯秀吉，最后只得剖腹自尽。

利休风格的茶室数量不少，但确认是利休实际参与的茶室为妙喜庵（京都府大山崎町）内待庵。待庵的建筑年代为天正十年（1582），是现存最早的茶室。原本茶室的空间为二帖大小的方形，设有凹间，并附设有一帖的休息室。但这比起珠光以来的四帖半，要狭小了很多。建筑用土墙围起，墙壁开窗户，用糊纸隔扇调节光线，做法上采用了民居的手法。入口狭小，须窝身膝行进出，凹间也是处正面用土墙围起的洞穴般空间。可以想见，待庵的诞生即宣告了草庵风茶室的正式成立，它完全不同于书院造谱系的茶室。不仅如此，千利休所追求的是近似求道般的佗茶，而待庵则达到了与此相媲美的终极形式。

待庵与妙喜庵的客厅不在同一建筑中，自客厅通往待庵的通道即为庭园空间的露地。露地由石子路、踏脚石、石洗手盆、石灯笼、废物坑等组成，其趣味和设计多基于利休的构想。根据《茶话指月集》记载，据说当桑山左近（片桐石州的茶师武将）向利休讨教露地的设计方法时，利休引西行的和歌“麻栎叶，犹未红，飘落荒寺中，惆怅奥野细径，愁意正浓”做了回答。其实这首歌在西行家集中不见记载，而下句的“荒寺中，凄怆奥野细径，悲意正浓”却见于慈仁的和歌中。此地姑且不做考证，然这段轶闻充分反映了利休的露地观：抑制华丽和人为做法，推崇山野景色。

其后，露地中使用的踏脚石、石洗手盆、石灯笼还被用于池庭和民居的中庭，成了各自庭园和建筑中不可或缺的构成要素。利休侘茶之大成对这以后的庭园历史而言，具有极其重要的意义。

## 利休眼中的露地

自宗珠或绍鸥时代起就存在作为茶事屋外空间的露地，但确立这一外部空间，即完善这些茶事设施是在利休的时代。据说利休将通往茶室的露地称为“浮世外之道”，即与现世划清界限之道，使茶室和露地配套组成了茶的世界。如前所述，利休所追求的是身处市中享受山野之趣。为此，主要栽植花及朴素的栎木、柃木等常绿阔叶树，或是松树等令人产生山野之趣的植物，避免栽种令人联想到村庄和城镇的花木和果树等。

基于茶室通道功能的需要，在露地布置踏脚石。根据江户时代茶书《露地听书》记载，对于布石的作用，利休如此说道：“渡步六分，景气四分。”所谓“渡步”，就是要便于行走，具体指石头与石头之间的距离；所谓“景气”，就是看上去要美观。在此表现了利休禁欲般的美意识，在照顾到露地景观的同时，优先关注作为茶道通道的功能。

## 织部的美意识

利休去世后，大名茶人古田织部（1544～1516，本名重然，因曾出任织部司长官，故通称织部）成为丰臣秀吉的茶头，并被责成研发武家茶。织部是利休高徒，进入江户时代后仍保持茶人的声誉，出任江户幕府第二代将军德川秀忠的茶道指导，但在大坂夏季战役中被怀疑通敌丰臣一方，自戕身亡。总的说来，织部喜好新颖，其设计不为传统所束缚，正如所谓的织部茶碗，形状歪扭，像只鞋子。

有关露地，织部也推陈出新，设计了由内露地和外露地组成的二重露地。《织部闻书》见有如下记载，内露地铺陈松叶，外露地铺满圆角海石。还据该书记述，在栽植方面，相对利休避免栽种花木和果树，织部则采取了容忍的态度，容许栽种一棵杨梅或枇杷等结果实的树木，还鼓励栽种异国情调的棕榈或苏铁等所谓的“唐木”。

至于踏脚石，如前所述，利休提倡“渡步六分，景气四分”，而据说织部则是“渡步四分，景气六分”，优先的是美观。对于织部的露地设计，田中正大氏（庭园史）评论说，这代表的是人的意志、以人为本“造型自然”的态度。真可谓一语中的。

前面介绍了传利休直接参与建造的茶室待庵，而最能体现织部趣味的茶室是京都薮内家的燕庵（京都市下京区）。大小三帖台目，即三张榻榻米加点茶座的茶具架垫（一帖的四分之三大小的榻榻米），并附有随行者等候的相伴席。其露地（图 6 - 6）将二重露地的外露地再进行分割，形成三重露地，可以看出这是织部的喜好。除布置有被称为“利休三小袖”的踏分石（放在踏脚石分叉点的石头）、“雪之朝”铭石灯笼外，还在花岗岩长条琢石一侧铺设基石，这种石块路的设计新颖独特，从中可以看出注重人意志造型的织部风格之精髓。

**图 6 - 6　燕庵　自坐凳所见踏脚石和石灯笼（薮内燕庵提供）**

## 远州的精湛造型

继织部之后出任将军家茶道指导的是其弟子大名茶人小堀远州(1579～1647,本名政一或正一,因曾出任远江地方长官,故通称远州)。远州终身拜织部为茶道之师,在确立书院茶道礼仪的同时,在露地设计上巧妙地调整了织部自由奔放的做法。远州通过将长条琢石用作踏脚石等做法,提升了在细部设计中引入直线的织部效果。在栽植方面,虽说也是使用常绿树,但多用木樨、厚皮香等树木,通过芳香和红叶等营造季节感,还十分细心地注重铺满地面的卵石和松叶的做法。如此等等,使远州的设计明快、精炼,具有了"绮丽朴素"之风格。

远州还擅长建筑,曾担任幕府的营造总监等职。参与皇室的后阳成院御所、后水尾上皇和东福门院的仙洞女院御所(现今的仙洞御所,京都市上京区)等建筑和庭园的建设,跟幕府相关的有二条城二之丸庭园(京都市中京区)的改建、南禅寺金地院(京都市左京区)等的作庭。需要指出的是,通过在京都的这些工作,远州熟悉了公家文化,领会了平安时代以来高雅优美的感性所在,其典型即细腻讴歌四季变幻的和歌,如此的感性养分是激活他才能和不断升华的土壤。

远州茶室和露地的代表作为孤蓬庵(京都市北区)的忘筌(图6-7)。

**图6-7 孤蓬庵忘筌露地 内露地被中横档分割形成的绘画般效果**

孤蓬庵是小堀远州作为施主在大德寺寺内创建的塔头，宽永二十年(1643)移建大德寺西端的现今地点，建筑和庭园为远州所建，但在宽政五年(1793)烧毁。其后，在松江藩主松平治乡的帮助下得以重建。重建忘筌时依据的是原来的立体纸样模型，进行了忠实的复原。因此，现存的建筑无疑是基于远州自身构想的茶室。

附随客殿的忘筌，八帖榻榻米中有一间床(凹间名)、一帖的主人点茶座及三帖相伴席。这是继织部之后，同样追求武家茶的远州所实现的书院样式茶室。西侧外廊边安装中横档，上部装隔扇，下部敞开，这种设计出人意料。内露地由“露结”铭的洗手钵和组合式灯笼(组合原为不同灯笼的材料做成的石灯笼)组成，从室内看内露地景色，由于外廊边、柱子、中横档的缘故，景色被分割成长方形框景，宛如一幅画，茶室内外浑然一体。在忘筌旁客殿西侧轩内直线布局踏脚石，为的是穿过中横档进入茶席。安放在较低位置的洗手钵表示利休所构思的“蹲踞”地汲取自然涌泉之意。忘筌的最大特点是在保持书院样式茶室的同时，加入了草庵风茶室的精神，从中可窥见远州的思想。

## 三千家与江户时代各地的露地

利休自尽后的千家，在文禄年间(1592～1596)迎接利休养子即第二代少庵从蛰居地会津归京，中兴不审庵并继承基于利休精神的侘茶。之后第三代宗旦的三个儿子又分别开创表千家、里千家、武者小路千家，即诞生了三千家并延续至今。不审庵(京都市上京区)、今日庵(同前)、官休庵(同前)分别是表千家、里千家、武者小路千家的茶室名称，指包括露地的整个建筑。原有建筑都在京都市街大半烧毁的天明大火(1788)中化为乌有。现存的都为其后的重建，露地并非当初的原貌，但大体继承了营造当初的样子(图 6-8)。

在江户时代，不仅是武家，而且在各地的上层町人中间也盛行茶汤，建造有许多茶室和露地。在此介绍几处考古发现的露地和现存的露地。

松花堂(京都府八幡市)是著名的石清水八幡宫社僧、文人松花堂昭乘于宽永十四年(1637)建在男山自坊内的草庵风茶室，并

图 6-8　不审庵露地

附设有露地(图 6-9)。明治后,客殿和茶室等建筑物、庭园移建别处。近年对原址进行了发掘,结果发现了营造当初的踏脚石、茅房及洗手钵等露地遗构。此处曾使用有绿、红等色彩斑斓的结晶片岩等材料,虽说是草庵风茶室的露地,但让人有种华丽的感觉。此处遗构受到现地保护,并对外公开。

图 6-9　《都林泉名胜图会》中所绘松花堂露地
(国际日本文化研究中心提供)

在琵琶湖西岸水运要地坚田望族的居初家住宅内,有座名曰天然图画亭(滋贺县大津市)的茶室,是江户时代前期茶人藤村庸轩等人设计的。露地以两条石头路为主展开,一条自中门直线延伸,直角拐弯至茶室;另一条自拐角处直奔琵琶湖。从石头路或茶室眺望,浩渺的湖水以及三上山等对岸的山峰尽收眼底,露地在景色观赏和招待客人的方式上都是开放的,不同于建在市中自我完结型空间结构的露地。

菅田庵(岛根县松江市)是宽政四年(1792)根据藩主松平治乡(不味)的喜好建在松江藩重臣有泽家山庄内的茶室,也是其露地以及整座山庄的名称。茶室菅田庵是座草庵风茶室,在一帖客座和点茶座的台目帖之间设有中板(铺板),紧靠着的向月亭是座书院式大客间茶室。就整座山庄的结构而言,从山麓下的门进入,登上树荫笼罩的山道,东南是眺望佳景的向月亭前庭,从此潜入中门直至充满山野气氛的菅田庵内露地。这是一种巧妙的造型——活用山庄的空间特性,通过移步将暗、明、暗的变化视觉交织在时间轴中。可以推测,这是以不味敬慕的大名茶人片桐贞昌(石州)相关的慈光院(奈良县大和郡山市)为范本的。

虽仅列举了数个例子,但由此可以清晰地看出茶的美意识,不论是茶室还是露地,都不是固定不变的,可以活用各自的择地条件,运用创新手法将自我喜好付诸实施。

## ❸ 豪华的景石群、名石、栽植

### 会面的礼仪

在第五章中述说了室町幕府第六代将军足利义教的室町殿是由寝殿、常御所、会所三处建筑物组成的,而在第八代将军义政的室町殿,会所功能中特别注重接待高贵的客人或主人位居高位接待客人的“会面”仪式,设置了会面所。在室町时代后期的上层武家住宅中,作为会面礼仪一部分的功能非常重要。乱世之末,继承织田信长统一天下的丰臣秀吉更为重视会面的礼仪和场所。玉井哲雄氏(建筑史)指出,这是因为比起信长和德川家康(1542～1616)来,秀吉的出身并不那么好,他为了统治全国的大名,有必要从视觉上明确表示身居高位的身份秩序。据说经中世发展而来的书院造通过凹间、高低搁板、凸窗等固定装置,使其内部空间本身具有身份和规格的象征,因此,书院造十分适合作为明确规定身份关系的会面舞台装置。

秀吉在大坂城等最为重视的是会面礼仪场所的御殿,现存继承此传统的书院造大型会面所有二条城二之丸御殿(京都市中京区)和本愿寺(西本愿寺)大书院(京都市下京区)。在这些会面所中，最为重视的自然是出自固定座位的视线，所展现的是坐观式庭园景观。幸运的是二条城二之丸御殿和本愿寺大书院的庭园都保存良好。为对应书院造这一称呼，将这些庭园称为“书院造庭园”。但需要注意的是，“书院造庭园”不是指庭园样式，而是根据它与建筑物的关系使用的称呼，二条城二之丸庭园是池庭，而本愿寺大书院庭园则以枯山水见称。

## 二条城二之丸庭园

二条城营建自庆长七年（1602）至翌年，是德川家康为了京都的警卫需要和作为上京时的居所而建的，在家康成为将军后的庆长八年，新建的城堡成了举行庆祝等一系列仪式的场所。二之丸御殿也是在这个时期新造的，庭园应该也是在同时期营筑的（图 6－10）。

**图 6－10　二条城二之丸庭园　错落有致的护岸石群为的是对应来自上座的视线**

二之丸御殿是座大建筑，远侍之间、式台之间、大广间、黑书院、白书院呈雁行排列，庭园位于公用会面所大广间的西侧及私人会面所黑书院的南侧。在大广间，将军坐在北端的上座，面对南侧下座的诸大名，庭园位于将军的右手、诸大名的左手。

从将军所坐位置看去，是主景的大园池和中岛，人来人往，平面结构复杂多变。看点是护岸石群和栽植。当时的栽植详情已不得而知，然色彩各异、质地不同的大块石头错落有致，豪放华丽，此种设计显示了乱世霸主的庭园美意识。

二条城于宽永三年(1626)迎来了后水尾上皇的行幸，为此，在二之丸庭园园池南侧新建御幸御殿。同时也对庭园自身进行了大规模改建，之后虽也有过若干修整，但基本保持着当时的面貌。御殿建筑的负责人是小堀远州，庭园的改建应该也是在远州的指导下进行的。这时庭园改建的重点是统合原本作为大广间西庭及黑书院南庭的二之丸庭园，使之同时具有作为御殿北庭的意味。具体的做法是，将邻接御幸御殿的南岸一部分改建成直线状护岸，并在布局上考虑到从御幸御殿观赏庭园石组等。庭园的石组和景石对应来自南面的视线，可以认为这些改建是因为此时改变了观赏角度，或重新引入了观赏视点。

再者，佐贺藩主锅岛胜重进献的一棵苏铁也被种在了这里，成为现今二之丸庭园特色苏铁景观的先驱。说穿了，苏铁或许是象征德川将军家族作为天下统治者的权威，他将南国九州也划入了自身的势力范围。

不管怎样，在“高贵的宾客”——上皇行幸时，为了对应来自其座位的观赏视线，对庭园进行了改建，从中可看出这一改建明确了以中心人物视线为主的书院造庭园特点。顺便提一下，御幸御殿在上皇行幸后，先后移建或拆除，现今仅在南岸的直线状护岸中隐约见其遗址。

## 醍醐寺三宝院的藤户石

以二条城二之丸庭园等同样构思建造的书院造庭园中，值得一提的是醍醐寺三宝院庭园(京都市伏见区)。有关这座庭园的建造过程，醍醐寺第八十代住持义演(1558～1626)在日记(《义演准后日记》)中做了详细记载。在此根据其记载，看一下书院造庭园的空间结构以及当时庭园建造的实际情况。

因应仁之乱荒芜的醍醐寺在接受丰臣秀吉的皈依后，于义演时代得到了惊人的复兴。其中，秀吉于庆长三年(1598)三月十五日携近亲和诸大名在醍醐寺举行了盛大的赏樱宴。秀吉在赏樱宴前，就已做好了翌年迎接后阳成天皇(1586～1611 年在位)行幸的准备。在赏樱宴前的二月二十日，他亲自造访了当时称为金刚轮院的现今的三宝院，并设计好了庭园的"地盘"，即用地的布局。秀吉对这次日本史上空前绝后的盛大的赏樱宴十分满意，并在赏樱宴二十天后的四月七日开始作庭。

用地布局时从聚乐第移来的名石"藤户石"，在翌日搬入园内，九日由名曰仙的庭者(属室町时代山水河原者系统的作庭工匠)将它竖立在庭园的重要位置(图 6 - 11)。义演记录了作为"主人石"竖立的"藤户大石"，还记录竖立"此外三块大石"，另外来了"三百个帮手"，等等。

**图 6 - 11　醍醐寺三宝院庭园　岸对面的长方形石块是藤户石，左侧为三段瀑布**

这块石头曾在永禄十二年(1569)因为足利义昭的缘故，从细川氏钢宅运至织田信长建造的二条第，天正十四年(1586)又从二条第移至秀吉的聚乐第，它也是权力的象征。传产自备前藤户(冈山县仓敷市)，但据尼崎博正氏考证，从变辉绿岩石质来看，不应该产于此地。

接下的施工进行得很顺利，园池、假山、瀑布、石桥、栽植等作庭工作在五月十二日基本完成。不足一个月的作庭速度惊人，这是在金刚轮院原有庭园基础上建成的，依靠的是秀吉手下的施工团队，而他自身也十分精通筑城等土木施工。在五月二十五日条中，见有义演看到园池溢满水十分高兴的记载。

但其后秀吉身体状况恶化，于八月十六日去世，享年六十三岁。秀吉的去世影响了金刚轮院的重建，不得不缩小其规模，以至中止了秀吉当初建造御殿的设想。然而在秀赖和北政所的援助下，这年年末时完成了寝殿（现今的表书院）、书院（现今寝殿的原来建筑）等八栋建筑物的建设，义演移居这座新造的金刚轮院。

需要注意的是，当时庭园的设计是为了配合后阳成天皇行幸时会见他人的御殿，并在建造庭园时首先进行的是竖立藤户石，即两侧配有侧石的三尊石组（象征中尊和左右侍像的三尊佛石组）。藤户石不仅是庭园，而且也是整个金刚轮院的“主人石”，即便从见不到阳光的御殿上座位置，也能眺望庭园景色中心的藤户石。换言之，藤户石之类的名石是作为对应来自上座的视线景色而设置的，名副其实。

## 义演准后的作庭

义演的金刚轮院（三宝院）作庭从此开始。庆长四年（1599）闰三月，义演雇佣名曰与四郎的作庭工匠整修常御所南庭。特别是同月二十八日条中，见有模仿富士山形状堆筑假山，盖上白色海苔象征雪花的记载，这种缩景手法令人回味。庆长七年，从正月到二月扩大了园池的规模。其结果是，护摩堂形成了三面环水的布局，展现了秀吉当初规划中的“中岛上的护摩堂”的景观。此项工程后，作庭工匠贤庭又架石桥、立石等，直至元和九年（1623）贤庭仍从事金刚轮院的作庭。“贤庭”是后阳成天皇授予的“天下第一名匠”的称呼，可以认为和前出的与四郎为同一人物。

庆长十三年（1608）至十六年，又开始了以贤庭为主的作庭活动。其内容是第二次修整蓬莱岛以及建筑寝殿正面的假山，通过两次的修整，蓬莱岛一分为二，出现了龟岛和鹤岛的布局。庆长二十年，贤庭在东南角修筑了瀑布，实现了义演的夙愿。虽说贤庭是名匠，但此处瀑布的修筑并非易事，在义演再三的修改命令下，直至完成花费了两个月的时间。这年除修筑瀑布外，还进行了假山的整修、立石以及栽植。根据日记记载，见有“松、柳、棕榈、红桧、铁杉、冷杉、厚朴树”等树名，可见当时栽植之一斑。

义演最后对庭园的重大修整是在元和九年至十年（宽永元

年)。此时修整中值得一提的是桥的修造。据日记记载,工程始于"南桥"(元和九年三月二十七日),接着是"西小池石桥"(三月二十八日)、"木制拱桥"(五月二十八至二十九日)、"瀑布前板桥"(六月二日)、"芝桥"(元和十年二月九日)等,在园池的各处架起了数座造型各异的桥梁。这是一次在坐观式书院造庭园中增加环游式观赏功能的修整,另一方面,作为正式的环游式庭园闻名的八条宫智仁亲王的别墅桂山庄(桂离宫)的建造也正逢其时。

随着江户幕藩体制的巩固,至少在京都乱世的记忆渐行渐远,好不容易迎来了太平时代,而这一时代的庭园样式也将发生大的变化。

# 第七章 “大名庭园”与游乐场
## ——趋于定型的庭园文化

利用海水的庭园——乐寿园(旧芝离宫庭园)

进入江户时代后,在传统的池庭样式外,增加了桃山时代诞生的露地功能及设计,组合了室町时代后半期确立的枯山水技法,从而诞生了综合庭园样式——环游式庭园。它最早的实例为桂离宫庭园,是作为京都公家社交场所而营筑的。在江户和各藩主领地的大名宅邸多营建有作为招待宾客和社交场所的环游式庭园,称之大名庭园。

在社会相对稳定的江户时代,不仅在京都和江户,而且在全国各地盛行造园,欣赏和享受的文化深入人心。就寺院而言,庭园是必不可少的,在上层武士和有经济实力的豪商富农的宅邸中也建筑有庭园。样式涉及池庭、枯山水以及建有茶室的露地等,规模有大有小。值得一提的是，作为欣赏和享受庭园文化的延伸，庭园作为观光对象引发了庶民的兴趣。作庭技术书《筑山庭造传（前编）》（1735）同时也是本介绍京都庭园的书，《都林泉名胜图会》（1799）更是本名副其实并附插图的京都庭园导游手册。

本章主要叙说环游式庭园的诞生过程和大名庭园以及普及到庶民阶层的江户时代庭园文化。

## ❶ 作为社交装置的环游式庭园

### 何谓环游式庭园？

首先来看看环游式庭园的含义。就广义而言，所谓环游式庭园指的是以漫步环游园内为前提所构成或设计的庭园。但在这里，我将它定义为"作为有一定教养和共同兴趣的阶层（公家、武家、僧侣等）举行茶会、宴会时的社交场所，是诞生于江户时代的庭园样式。为适应园内漫步和泛舟环游，以园池为主筑山、平地，点缀御殿、茶亭、亭子等建筑物，并为庭园各部分的景色增添象征性意义的设计"。

连接建筑物的园路铺设踏脚石，环绕高低有致的池岸、假山。沿园路前行，景随步移，有时园外的景观或隐或现，庭园的景色不断发生着变幻。同时注重从泛舟的池水中观赏景色，瀑布及潺潺流水声也是庭园的构成要素，并得到精妙的运用。环游式庭园的方方面面可谓意味深长，为了能够真正欣赏它，还需要了解作庭题材中所包含的和汉文学和历史等相关的知识。

这种意义上的环游式庭园，以现今桂离宫闻名的"桂山庄"可谓其样式之滥觞。以京都传统的公家别墅营造文化为主，融入桃山时代的露地功能和设计、室町时代后半期的枯山水手法，开创了前所未有的新样式。

### 瓜畠的简陋茶屋

在大坂夏季战役中，大坂城沦陷，丰臣氏灭亡，时为庆长二十年（1615）五月。两个月后的七月，取平和伊始之意改年号为元和。元和初年，后阳成天皇弟弟、曾为丰臣秀吉养子的八条宫智仁亲王

(1579～1629)计划在其新领地桂川右岸(西岸)营造御茶屋(别墅)。根据《智仁亲王御年历》记载,元和二年(1616)六月二十七日智仁亲王招待朝廷官员,并带上连歌师和舞者逍遥桂川,同月二十九日还迎来御阳成上皇的女官前子的造访。这个时期相应的御茶屋业已完成。其后亲王也在此招待朝廷官员等客人,请柬上也见有"下桂瓜畠简陋茶屋"的字样。"简陋"当然是谦逊的说法,邻近川原瓜畠的建筑物实际上是处不拘泥规格的房屋。

智仁亲王自元和六年开始改建御茶屋内的建筑物,营筑包括庭园在内的山庄建筑。四年后的宽永元年(1624)七月十八日,到访桂川庄的相国寺鹿苑院主昕叔显啅在《鹿苑日录》(相国寺鹿苑院历代院主的日记)这样描述桂川庄:"庭中筑山、掘池,池中有船,有桥有亭。"从描述中可以看出整个环游式庭园的全貌,山庄的营造工程大体完工。接下的"自亭上可见四面群山,天下之绝景也"的记述,明确地告诉我们桂川庄继承的是传统公家别墅的营造做法,即在名胜地营筑别墅,欣赏园外的眺望景观。

智仁亲王的第一期工程除留存到现在的古书院外,还建造亭子,整修了古书院前面的园池、象征天桥立的半岛一带以及沿池的假山等。据说智仁亲王还从细川幽斋处学习"古今传授"(参阅第六章第95页)等,专研和歌,对《源氏物语》和白居易诗文等和汉文学理解透彻,精通立花和茶道,同时擅长蹴鞠、马术。第一期桂山庄的建筑和庭园的设计,色彩浓厚地反映了智仁亲王的学养和才华,庭园设计还象征性地表现了《源氏物语》等的场面和舞台。

## 智忠亲王与桂山庄

宽永六年(1629)智仁亲王逝世时,嫡子智忠亲王(1619～1662)年幼尚小,桂山庄一度无人照料,几近荒芜。而智忠亲王开始营造中书院,要等到与加贺藩主前田利常千金富姬大婚前的宽永十八年(1641)。智忠亲王继承父亲智仁亲王的才能,精通和汉文学,和歌、茶道、蹴鞠等样样在行。因为结缘富姬,在营造山庄时经济上还得到了前田家的鼎力相助。正保二年(1645)前后,桂山庄第二期工程正式启动。第二期工程对整座庭园进行了改建,营造新御殿,修建松琴亭、笑意轩、赏花亭等茶亭。至此,桂山庄大致形成了现在的景观。庆安二年(1649)五月三十日,为陪伴金地院住持最岳元良,鹿苑寺住持凤林章承受邀桂山庄,在其日记《隔蓂记》中记载道,茶亭五处,在泛舟上也能吃到浓茶和美酒。从中我们可窥见桂山庄之用途。

明治时代初年,桂山庄被移交宫内厅,更名桂离宫。第二次世界大战前昭和九年(1934)遭室户台风破坏后,进行过栽植修整,战后在宫内厅的管理下直至今日。昭和五十一年(1976)至平成三年(1991),几乎所有建筑物都进行了落架大修。

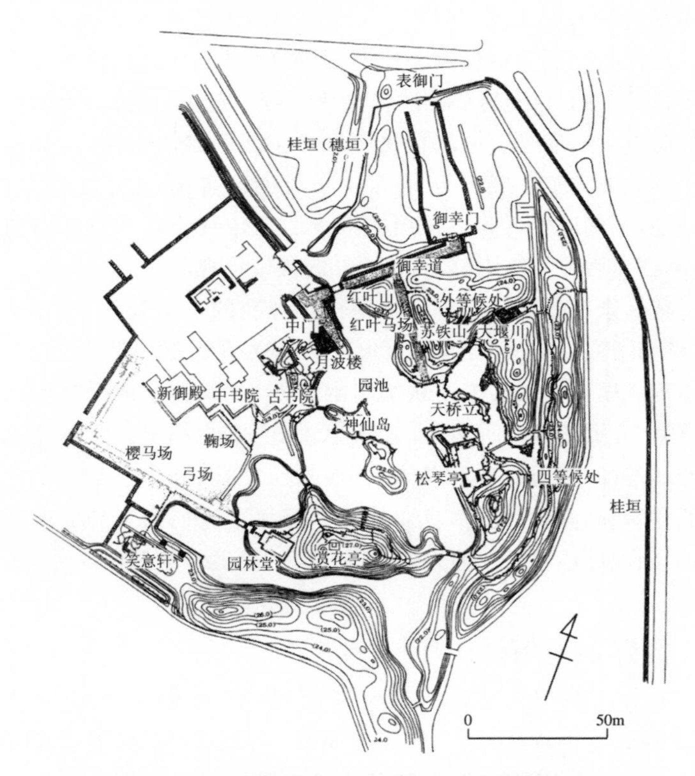


**图 7-1 桂离宫平面图(奈良文化财研究所提供)**

现今的桂离宫面积六万九千平方米(图 7-1)。用地的西部按雁行状布局古书院、中书院、新书院的御殿群,其侧面(南面)整修为平地,用作马场和蹴鞠场。御殿群的前面(东面)是处大园池,池岸线复杂多变,池中大小数个中岛,池东岸的松琴亭一带使用“缩景”手法，模式化地缩小表现天桥立景观（图 7－2）。池南部的大中岛顶部附近建赏花亭，眺望园内外景色，笑意轩附近的船码头以直线为主。这些点睛处自不待言，庭园各部分设计也洗练完美，别具一格，如园路中的石子路和踏脚石、适得其所形状不一的石灯笼、苏铁山和屏风松等独具特色的栽植等。环绕茶亭移步园内，景色的展开富于戏剧性，设计严密，考虑周全。

**图 7－2　桂离宫　洲滨（前景）、天桥立（中景）和松琴亭景色（宫内厅京都事务所提供）**

环游式是日本庭园样式的一个里程碑，而桂离宫及其精湛的结构和设计不愧为日本庭园的最高峰。

## 修学院离宫

智忠亲王桂山庄第二期营造的时期正值以后水尾上皇（1596～1680，1611～1629 年天皇在位）为主的公家、僧侣等组成的宫廷沙龙，即所谓的宽永文化沙龙的鼎盛期，智忠亲王与后水尾上皇之间交往甚密。

自明历二年（1656）至万治二年（1659），上皇为了实现其理想山水之夙愿，在比睿山西南脚下营筑修学院离宫（京都市左京区）。这期间，上皇于明历四年（1658）三月十二日微服私访桂山庄智忠亲王处。

造访桂山庄是为了对建造中的修学院离宫有所借鉴。上皇对修学院离宫的营造给予了很大的期待，根据《槐记》(御医山科道安以日记风格记录上皇孙子近卫家熙的言行录)记载，先制作山庄的雏形(模型)，并亲身参与论证，还指派亲信平松可心负责管理实际的施工。

离宫活用山麓的地形，由约 40 米海拔差的“下御茶屋”和“上御茶屋”组成。下御茶屋是以建于池畔高坡上，后水尾上皇的御居所寿月观为主的部分，庭园中的流水、瀑布、池水等都能成为寿月观的观赏对象。在庭园中心的上御茶屋，截流谷川河水营筑的东西长 120 米、南北宽 220 米的浴龙池是泛舟佳处，颇具王朝风雅。从中岛上的穷邃亭和池东南高坡上的邻云亭望去，园内外景色尽收眼底(图 7－3)。下御茶屋与上御茶屋以田埂连接，田埂两旁的田园风光也是庭园的重要构成要素。

**图 7－3　修学院离宫上御茶屋　浴龙池和北山山景**
**(宫内厅京都事务所提供)**

宽文二年(1662)四月十二日，上皇行幸离宫，邀请八条宫家的智忠亲王、稳仁亲王等人造访修学院并举行了宴会。宽文七年闰二月六日，上皇在皇女品宫常子等人的陪伴下行幸，在上御茶屋的浴龙池北岸的止止斋乘船游园，之后返回下御茶屋的寿月观。这在品宫的日记《无上法院殿御日记》中有所记载，由此可知环游式庭园样式离宫的功能。

## ❷ 大名庭园

### 大名庭园的诞生

天正十八年(1590)入江户城的德川家康为建立关东八国的统治据点,开始了江户的城市建设。其后,家康赢得平定天下的关原战役,于庆长八年(1603)在江户开设幕府。与此同时,家康也加快了称霸天下之政治中心江户的城市建设,各地大名也随之开始在江户建造住宅。根据宽永十二年(1635)的《武家诸法度》最终确定了参勤轮换制,使大名的江户集中居住制度化。

为让大名们在江户居住,幕府给予他们建造住宅的土地,其中不乏面积广大、风光秀丽的地方。例如,水户藩初代藩主德川赖房(1603～1661)于宽永六年(1629)从第三代将军家光那里得到了小石川,这是处高低坡错综的住宅用地,约七万七千坪(约二十五万四千平方米)。理所当然,在这些宅邸中建造有大型的庭园,所采用的便是环游式庭园。新体制采用的是以德川将军家为顶点的武家社会,将军家的宴请和大名之间的社交增强了其政治含义,而作为飨宴装置的庭园则注重从会面所看到的景观,这一作用较以前更为重要。明历三年(1657)的大火烧掉了江户六成市街,五百家大名宅邸遭灾,其后幕府为了减少灾害,又给予各大名多个住宅地,于是许多大名都在住宅中营造了环游式庭园。

特称大名所营造的环游式庭园为大名庭园。其特点同桂离宫等,空间结构以茶亭为主,设计基于和汉学养,多设有弓箭练习场、赛马场或猎鸭场之类与武艺相关的场所;活用临海城市江户的地形优势,发明了利用海水的庭园样式;嗣子的诞生对大名家而言是个切身的问题,因此为象征子孙繁荣也多设置有阴阳石。

### 水户藩江户住宅的后乐园

在江户曾营造有许多大名庭园,但现存的很少。其中保持旧貌的典型庭园是水户德川家的后乐园(东京都文京区)、大和郡山藩柳泽家的六义园(东京都文京区)、小田原藩大久保家的乐寿园

(现今的旧芝离宫庭园,东京都港区)、原是甲府藩滨住宅后为将军家别宅的滨御殿(现今的旧滨离宫庭园,东京都中央区)等。

如前所述,后乐园(为了区别于明治时代以后称后乐园的冈山后乐园,称其为小石川后乐园)始于水户藩初代藩主德川赖房从第三代将军德川家光处得到住宅用地之时。约百年后撰写的《后乐记事》(1736)中的"山水经营应有的地形"这样记载:当初"数百年的乔木生长茂盛,其景观为当时人力所不及",高家(江户幕府中掌管仪式礼仪的官员)的德大寺左兵卫活用了此地的土地特性,从伊豆蒐集奇岩怪石作庭。庭园中心的大泉水引自江户城的神田上水,而水源来自井之头池(东京都武藏野市和三鹰市)。从种种意义上而言,此庭园的营造被允许使用天下城下町江户的基础设施,将军家光的意图起着作用,《后乐记事》中也见有"大猷公(家光)之心愿"的字句。

在第二代藩主德川光圀(1628～1700)时代的宽文元年(1661)至元禄三年(1690)的三十年间,又对以大泉水为主的后乐园进行了大规模整修。据说"后乐园"名称是光圀邀请来的明朝遗臣朱舜水在这个时期起的,园内的偃月桥(也称"圆月桥",图 7－4)也是朱舜水设计的。其后庭园经过了历代藩主的多次修整。第三代藩主纲条时代的元禄十五年(1702)大修时去除了大石、奇石,这是为了迎接高龄的桂昌院(第五代将军纲吉的生母)的行幸。《后乐记事》中记述含批评意味:"园中之景完全改观。"无疑,这次大修是出于

**图 7－4　小石川后乐园　偃月桥**

江户大名庭园的本质功能——政治性社交的目的需要。明和三年(1766)至文化元年(1804),即第六代藩主治保时代的再次整修规模宏大,增设了白丝瀑布等,这个时代的后乐园比肩光圀时代,可以说是其庭园的一个顶峰。

后乐园以布局蓬莱岛的大泉水为主,在园内各处安排有以通天桥、大堰川等日本的名胜和小庐山、西湖堤等中国的名胜为题材的景点。但这些都不是写实性的再现,而是象征性的表现。而且,在庭园的一角安排水田和松原,这可以说是封建领主的立场体现,让人想到其统治下民众的勤劳和其对领地的怀念。不管怎样,后乐园设计的宗旨是:行进在起伏有序的园路上,可以尽情欣赏象征大海、山川、村落的景色。因此不愧为众多大名庭园中最为杰出的作庭之一。

后乐园在明治维新以降,经兵部省、陆军省等管辖后,于大正十二年(1923)依据《史迹名胜天然纪念物保护法》被指定为史迹、名胜(后依据《文化财保护法》被指定为特别史迹、特别名胜)。之后,尽管由于关东大地震和太平洋战争的轰炸遭受了极大的破坏,但它每次都得到修复并延至今日。现存特别史迹、特别名胜的指定面积约七万平方米。虽说庭园的中心部得到了保护,但其面积还不足原来后乐园的三分之一。

## 利用海水的庭园——乐寿园与海滨御殿

如前所述,活用临海城市江户的地形优势发明的庭园样式中有利用海水的庭园。平安时代以来庭园的文化中心——京都是座内陆城市,园池的水源或涌泉或河川、水渠,引海水入园池等连想都想不到。但在江户给予大名的住宅用地并非都是后乐园这样山手圈内的土地,也有海边的土地。海边的土地要取得环游式庭园大池水源所需的淡水极其困难。这样,引海水入园池就成为现实中需要的解决办法。

这种利用海水造池的早期例子有佐仓藩主大久保忠朝(1632~1712)自延保六年(1678)营造的乐寿园,即邻接现今JR滨松町站的旧芝离宫庭园(本章标题页照片)。实际上这座宅邸被取名乐寿园是在忠朝领地自佐仓改封小田原的贞享三年(1686)。在这年写的《乐寿园记》中记述了利用海水庭园独特的景观看点，园池水面伴随潮起潮落高低变幻，其大小和形状也变化多端。当初面积一万坪过头，最大规模时达一万三千五百坪（约四万五千平方米），然乐寿园在大名庭园中尚属小型庭园，以利用海水的园池为主，建茶亭，配置赛马场、练弓场等，是一座新颖且典型的大名庭园。

另一处现存东京利用海水的庭园是离旧芝离宫庭园不远的旧滨离宫庭园，即江户时代将军家别墅滨御殿。甲府藩主德川纲重的长子过继作为第五代将军纲吉的养子，于宝永六年（1709）成为第六代将军家宣（1662～1712）后，甲府藩滨宅邸成为滨御殿，以后也成了将军家唯一的别墅。庭园似乎在滨宅邸时代的宽文九年（1669）开始营造，宝永四年（1707）进行了包括建造中岛茶屋等在内的大规模整修，估计是这时采用了利用海水的园池技法。除利用海水的园池外，还设计了体现城郭风貌的大手门瓮城、迎接从海上造访此地将军的码头、从富士见山等假山上眺望园内外的景点以及庚申堂和新钱座两处猎鸭场等，在具有将军家别墅规格的同时，作为活用地形的大名庭园，值得一看的景点数不胜数。

白幡洋三郎氏（都市文化史）运用“使用”这一崭新观点解读大名庭园，据说这座庭园还用作将军检阅水兵操练和舰船的场所，还有来自京都的公家、幕府官员，甚至将军的正室都在池中垂钓，其用途五花八门，绝非单纯的观赏目的。由此可见大名庭园用途的多功能性。

## 领地中的大名庭园

整个江户时代，在大名领地的城下町及其近郊营造有许多大名庭园。领地中的大名庭园至今保存较完整的有高松藩松平家的栗林庄（现今的栗林公园，香川县高松市）、熊本藩细川家的水前寺成趣园（熊本县熊本市）、冈山藩池田家的冈山后乐园（冈山县冈山市）、彦根藩井伊家的玄宫乐乐园（滋贺县彦根市）、加贺藩前田家的兼六园（石川县金泽市）、纪州德川家的养翠园（和歌山县和歌山市）、广岛藩浅野家的缩景园（广岛市中区）和宇和岛藩伊达家的天赦园（爱媛县宇和岛市）等。

其中，栗林庄原为生驹家的别墅，高松藩初代藩主松平赖重(1622～1695)接收后开始整修，建造了茶亭掬月亭等。据说第二代藩主赖常在元禄十三年(1700)基本完成了庭园的建造。之后，第五代藩主赖恭大规模改造时撰写了《栗林庄记》，给园内六十处景点起了中国风格的名称。园内首屈一指的眺望景点是假山飞来峰，来自耸立在园后方紫云山的清水造就了涓涓细流的园池潺湲池，还有种植有苏铁的凤尾坞、昔日石组飞猿岩，以及象征扬子江岸名胜赤壁的假山岩石，从中可知同时具有汉诗文学修养的武家阶层对于庭园的参与热忱。除去假山部分，仅内庭面积就有十六万平方米，十分广大。以紫云山为背景，设计精湛的园池、假山、茶亭等建筑群组成了栗林公园主体，称得上是领地城下町众多大名庭园中的佼佼者。

**图 7-5　水前寺成趣园　园池和富士峰**

水前寺成趣园始于宽永九年(1632)是替代加藤清正成为熊本藩主的细川忠利营造的别墅。从丰前小仓藩主移封熊本的忠利，自丰前罗汉寺请来僧人玄宅，在此处阿苏山地下水丰富的土地建立水前寺。宽永十三年在水前寺旁营造由草庵风格的茶室和茶庭组成的简朴别墅“御茶屋”。现今所见环游式大名庭园竣工于忠利孙纲利时代的宽文十年(1670)至十一年左右。取源于中国六朝诗人陶渊明《归去来辞》的“成趣园”命名即在此时，所选成趣园十景中，第一为“阿苏白烟”，从中可知其视野极其开阔，将园外的自然环境借景园内。庭园主景是园池，水源是清澈丰富的涌泉，池岸线曲折多变，池中有两个中岛，自岸边到中岛配置池中踏石，并有超过五十个的岩石岛。池东北写实性缩景富士山，以高出池水 21.6 米的假山“富士峰”为主，假山高低重叠，连绵有序（图 7 - 5）。成趣园既是环游式庭园，又注重观赏功能，从这种简明且绘画般的设计中可知纲利之好尚。

## 冈山后乐园的运作

领地中的大名庭园是如何来运作的呢？有关这点，神原邦男（日本史）以史料丰富的冈山后乐园为例进行过详细的研究。备前冈山藩第二代藩主池田纲政（1638～1712）营造的后乐园，除用作能演出和茶会等藩主自身的消遣外，自第三代藩主继政时代起，在藩主参勤轮换不在时，以“御庭拜见”的形式向领地庶民和家臣开放。当平时在江户时就有交往的邻藩备前足守藩主木下公定、因为养子过继关系交往密切的萨摩藩主岛津齐兴等参勤轮换去江户路中途径时，也都在后乐园举行过盛大的欢迎、欢送宴会。此外，后乐园还接待过亲家京都公家一条家的使者、藩主生病时前来出诊的京都或大坂的医生等人。由此看来，这些庭园与建在江户住宅的大名庭园相比，更注重藩主自身的享受，同时领地中的大名庭园作为招待关系密切的大名家并与之交流、安抚家臣和领地庶民的设施发挥了作用。

## 琉球王国的识名园

琉球国王尚氏的别墅识名园（冲绳县那霸市），从用语的正确性而言并非“大名”庭园，但从以园池为主的环游式庭园的形态和接待社交场所的功能而言，无疑称得上是大名庭园。琉球自十五世纪初中国明代以来，被纳入册封体制，即中国皇帝派遣使者任命周边国王的体制。即便在庆长十四年（1609），琉球遭萨摩藩进攻及驻留同藩后，仍维系着该体制。在清嘉庆五年（宽政十二年/1800），为了接待尚温王的册封使，自上一年开始营造琉球王家别墅的识名园。

位于琉球国王的居城首里城南方约二公里高坡上的识名园面

**图 7-6　识名园　红瓦御殿和园池(那霸市)**

积四万余平方米。其中心为北部的红瓦御殿，御殿前(南面)是东西约 150 米、南北约 50 米的广阔园池，水源为涌泉(图7-6)。池岸线曲折蜿蜒，琉球石灰岩叠石垂直耸立。池西北中岛自两岸架设琉球石灰岩拱桥，池中央中岛建六角亭。池西部设船码头，可知园池也用来泛舟游乐。池周围筑假山，环以园路。

离池不远的西南部高坡上建有眺望台及劝耕台。据说在看不见大海的位置建眺望台，目的是为了给册封使留下耕地多、领地丰沃的印象。果不出所料，近旁的《劝耕台碑》上镌刻着清道光十八年(1838)尚育王册封使林鸿年的碑文，赞扬一望无际、管理有方的田地是国王善政的明证。在水源育德泉的池畔，竖立有赞美泉水的《育德泉碑》和《甘醴延龄碑》，前者为识名园营造契机的清嘉庆五年(1800)册封使赵文楷撰写，后者为《劝耕台碑》作者林鸿年所写。从中看得出环游庭园、乘兴著文吟诗的中国式社交做法。

总之，从石造拱桥和中国风格的亭子设计、池岸石组等琉球石灰岩材料的特殊质感来看，识名园虽然风貌粗看不同于本土大名庭园，但其环游式庭园的样式、接待和社交功能如前所述，与大名庭园高度一致。识名园在太平洋战争中遭受毁灭性的破坏，昭和五十年(1975)至平成八年(1996)通过考古发掘及其之后的建筑物、庭园的整体复原整修，恢复了往昔的面貌。

## ❸ 庭园文化的定型

### 各地的寺院庭园

江户时代社会相对稳定，以种种形式享受庭园乐趣蔚然成风。寺院营造池庭、枯山水、露地等样式不同的庭园，武家中不仅大名，一些上级武士的住宅中，也建起了相应的庭园。

图 7-7　金地院庭园　礼拜石和鹤岛

先来看看寺院庭园。小堀远州设计的南禅寺金地院(京都市左京区，图 7-7)枯山水，在方丈的中轴线延伸位置摆放礼拜石，其左右配置龟岛和鹤岛；圆通寺(京都市左京区)枯山水袭用后水尾上皇幡枝御殿旧地，借景比睿山；清水寺本坊成就院(京都市东山区)池庭活用音羽山麓地形、巧妙配置有特色景石和灯笼等。即便就现存的状况来看，也能对这些京都的庭园做出很高的评价，另一方面，各地的寺院中也有许多庭园，不少值得注目。在此介绍两处庭园，即龙潭寺(滨松市北区)和延历寺坂本里坊(滋贺县大津市)庭园。

龙潭寺是位于彦根藩主井伊家发祥地的该家族的菩提寺。正殿北部开阔的庭园传为小堀远州的作庭，现存正殿为延宝四年(1676)的重建，庭园也应该是那个时期所建。庭园的划分(平面规划)主要是，在与正殿平行的东西方向挖掘长方形园池，对岸筑五

**图 7-8　龙潭寺庭园　细长的园池和假山**

座假山(图 7-8)。在正殿中轴线延伸位置与池南岸交界处放置礼拜石,其对岸主峰的假山山腰上部放置三尊石组等,可知其对中轴线的强烈意识,这点可以说是效仿了金地院的做法。假山与假山之间的峡谷叠枯瀑石组,象征汇集山水的瀑布流入池中,这种设计可以说是结合了池庭和枯山水的杰出做法。虽说是有权有势大名井伊家的菩提寺,但离其居城彦根和京都很远,何况在一寺中营造了如此高水准的庭园,可见这个时代的庭园文化传播之广。

## 延历寺里坊庭园群

延历寺里坊位于比睿山东麓的坂本,住着从比睿山上修行生活退下来的僧侣,是个安度余生的寺院,多营造有庭园。择地山麓的斜坡上,引入大宫川和权现川的清流,因此几乎都是池庭或流水庭(不掘池,仅仅配置水流的庭园),逐一利用水系,水流顺势从一座庭园流向另一座庭园。利用大宫川的里坊庭园有莲花院、律院、实藏坊,利用权现川的有滋贺院、双严院、宝积院等。

其中,万治年间(1658～1661)宝积院创建时期营造的书院南庭为坐观式池庭,池对岸正面的石组,既像蓬莱山又似须弥山;池中配龟岛和鹤首石,是一座吉祥之庭。从这种设计中可以看出它源于里坊性格的游戏之心,隐居于此的僧侣之间相互交流安度着晚年。与继承梦窗疏石作庭传统的临济宗等寺院相比，密宗系天台宗寺院中世以降，除一部分法门寺院外并非都重视庭园。但里坊庭园群表明，即便是天台宗寺院，到这个时代庭园也已成为寺院重要的构成要素。

## 具有特色的武家庭园

江户时代的庭园文化在向各地传播过程中，并非仅限于寺院。就武家而言，不仅江户直隶将军的武家宅邸营造有相应的庭园，而且在各地的上级武家住宅中也建有庭园。第六章作为露地列举的营田庵等为其典型，在此介绍两处设计上别出心裁的庭园。

首先是以"月桂之庭"闻名的桂氏庭园（山口县防府市）。桂家为长州藩主毛利家的一门，门第中曾有人担任过藩重臣右田毛利家的主管要职，此庭园是桂忠晴在正德二年（1712）新筑宅邸时建造的庭园。传说忠晴不仅从事耕田的开垦，而且精通禅宗和茶汤，还跟随主人多次去过江户和京都。

书院位置自东朝南，庭园面积九十平方米，以夯土墙环绕。属白沙地配石的枯山水作庭，其中石上叠石的设计，在其他日本庭园中没有先例（图 7－9）。进士五十八氏（造园学）曾指出石上载石这种自然景观在这个地区也可看到，但尽管如此，在庭园中引入这种

**图 7－9　桂氏庭园　运用石上叠石独特手法的枯山水**

独特的设计，可以说以自己的好尚和创意营造庭园的文化已经在地方武家中生根开花。

## 萨摩之“麓”的武家住宅

接下来是知览麓（鹿儿岛县南九州市）的庭园群。萨摩藩实行的是独特的统治体制，在藩内各处设置称为“麓”的武家集中居住地，知览麓是这种麓聚落之一，附有庭园的武家宅邸至今保存良好。仅就《文化财保护法》指定为名胜的七座庭园来看，筑造时期除一处为十九世纪外，其他都建于十八世纪中叶或后期，面积在二百至四百五十平方米。

从样式来看，仅森重坚氏庭园为池庭，其他都是枯山水。六座枯山水中，平山亮一氏庭园以杜鹃的树枝修剪为主景，其余作庭的共同手法是筑假山、以大型立石和层塔作为庭园点景。从这种手法中可以看出与琉球庭园的类似性，知览麓的独特要素是萨摩藩内其他地方所没有的，而且所营造的庭园基本集中在特定时期，因此有人指出存在琉球作庭技术人员直接参与施工的可能性。

总之，虽说他们在知览麓都是有权有势的武士，但绝非高俸禄的武士，在这些武家宅邸营造此类庭园，可以说作为武家宅邸招待客人空间的庭园功能已经普及到了全国。

## 豪商富农的庭园

江户时代中期以降，随着商品经济的发展，各地形成了具有经济实力的豪商和富农阶层。他们是吃茶和俳谐等文化的中坚，同时也大多营造大宅邸及其庭园。

以东北地区最大的港口城市酒田为据点的酒田本间家（山形县酒田市）在江户时代中期以降，不仅于东北，而且在全日本也是数一数二的豪商兼地主。其第四代传人光道在文化十年（1813），营造用于鹤冈藩主巡视时住宿设施的别墅，当时的藩主酒井忠器命其名为“鹤舞园”。鹤舞园是环游式庭园，以池为主，借景鸟海山。本间家借助经营海运业的实力，从全国各地蒐集佐渡的红玉石、伊予的青石等名石。不过，此庭园可以说是个特殊的例子，庭园的结构和设计或材料上都有赖于本间家作为豪商非凡的经济实力以及藩主住宿设施的地位。

尾崎家是伯州羽合(鸟取县汤梨滨町)的富农,现存江户时代中期营造的主宅和庭园。庭园为池庭,重点放在从书院所见的景观上。池中的龟岛、对岸的三尊石组和枯瀑、池畔书院侧的奇石、山阴地区少见的苏铁栽植等,在设计上极富装饰性;厚实土墙的分割,使得园外的松山与庭园形成有趣的对照,借景手法惟妙惟肖。

地方上这类庭园的营造基本上使用的都是京都、大坂或江户的作庭技术,这说明江户时代庭园的营造文化、使用文化、享受文化向地方传播和渗透。需要强调的是,在后述振兴观光的同时,江户时代中期以降各种各样作庭图书的出版也发挥了很大的作用。

而在江户,庭园文化也并非局限于大名宅邸、武家宅邸或寺院。菊、牡丹、山茶等花卉园艺,博得了武家和町人的喜爱,町人中也开始出现自家营造庭园的现象。古董商佐原鞠坞在文化二年(1805)开园的向岛百花园(东京都墨田区)便是其中之一(图7－10),这座庭园中的穿池筑山、配置石组等造型要素十分少见。池就是种植莲、花菖蒲的场所,沿纵横交错的园路两旁种植梅等四季草木,并配以各种石碑,庭园成为展示不同季节各种仪式活动的舞台。对于植物造诣颇深的鞠坞而言,这种构思不仅是其自身的趣味,而且还是听从了文人村田春海和大田南亩的建议而为之,从

**图7－10　向岛百花园　以石碑和花草为主展示江户町人文化的庭园**

中可见独特而成熟的江户町人文化之一斑。

## 庭园观光与导游书

所谓观光，以最宽泛的形式来定义的话，即“离开日常的居住地，享受快乐的非日常的时间和空间”。就这个意义上而言，日本观光伊始于江户时代。特别是参拜伊势神宫是整个江户时代最为人气的普通百姓观光旅游的线路，来自关东的人们不少还顺道观光京都和大坂。

在京都，寺院和庭园作为观光对象受到人们的注目。安永九年(1780)出版的秋里篱岛编《都名所图会》(图会意为画册)是本介绍寺院境内和名胜等京都景点的导游书。此书不仅有文字，而且大多以各景点的俯瞰图为主绘有大开本的插图，不出家门便能欣赏天下名胜。在获得好评的基础上，除出版其续编《拾遗都名所图会》外，还接连不断地刊行各地的名胜图会。宽政十一年(1799)，出版了此书的庭园特辑《都林泉名胜图会》，编者同为秋里篱岛(图 7 - 11)。西村中和、佐久间草偃、奥文鸣三画工描绘的庭园包括现存的鹿苑寺(金阁寺)、天龙寺、龙安寺等，总数约九十座。此书同《都名所图会》，也博得了好评。其流传无疑让京都寺院庭园闻名天下，使更多人前往参观，为以庭园为对象的观光文化的普及做出了重要贡献。

**图 7 - 11 《都林泉名胜图会》中所描绘的成就院庭园（国际日本文化研究中心提供）**

## “公园”的诞生

日本的公园制度始于明治六年(1873)的太政官布告第十六号，但实际上在江户时代就已开始了公共造园。在建设种植有樱花等的名胜、提供给民众娱乐的公共造园方面，第八代将军德川吉宗(1684～1751)起到了重要的作用。在江户，主要是宽永寺、浅草寺、增上寺、汤岛天神、富冈八幡宫等寺院神社的院内发挥了娱乐设施的作用，特别是江户时代初期宽永寺从吉野移植樱花以后便成为赏樱的名胜，热闹非凡。吉宗出身纪州德川家来江户继承将军职位，他深感就人口比而言，娱乐设施非常之少，于是在飞鸟山(东京都北区)、隅田川堤、中野桃园等地种植樱花和桃花，开辟新的赏花名胜。飞鸟山自享保五年(1720)以来，种植大量樱花及松、枫等树木，建造面向游客提供饮食的茶店，成了江户屈指的赏花名胜。伴随第五代将军纲吉发布《动物怜悯令》曾建造有大规模的犬舍，而中野桃园就是在废除该令后撤除犬舍的空地上建造的，可谓盘活了闲置公共设施的存量。这些都不是穿池筑山造型意义上的作庭，吉宗的种种措施无非就是现在意义上的公园建设，即振兴公共造园事业。

而在地方，也有旨在创建服务于领地庶民娱乐的公共造园。其典型为奥州白河藩主松平定信(1758～1829)于享和元年(1801)营造的南湖(现今的南湖公园，福岛县白河市)。南湖公园主景是南湖，面积十七万平方米，是依靠拦河截流、疏浚沼泽、筑堤等营造

**图 7－12　南湖公园　活用周边景观的南湖**

而成的。其北岸建茶屋，周围丘陵上栽种樱花和枫树并借景西方的那须连山。整座公园就像一座庭园（图 7 - 12），设计出自嗜好庭园之定信的好尚，在江户宅邸中他曾营造了浴恩园、六园、海庄三座庭园。南湖公园的基本设想就是面向领地庶民开放，实际上茶室、共享亭等也提供给庶民使用。掘池、建茶室、栽植等手法，与单纯植树为主的吉宗飞鸟山等做法相比，设计层面上提高了很多，称得上是以风致为重点的日本第一座公园。

从以上实例可以看出，在江户时代中后期，近代公园萌芽的公共造园已出现在幕府和一部分藩中，对庶民娱乐文化的形成产生了相当大的作用。

# 第八章　近代的日本庭园

## ——摆脱象征主义

平安神宫神苑中卧龙桥

明治维新彻底改变了日本的政治和社会形态，日本的庭园也随之发生重大的变化。明治时代初期，江户更名为东京，大名宅邸和武家宅邸等的庭园荒芜殆尽。即便在庭园文化中心的京都，伴随迁都东京，公家和各类相关人员纷纷离去，人口减至约八成，随之整体活力下降，加上废佛毁释等，庭园文化停滞不前。

另一方面，欧美文化蜂拥而至，东京等地的新造公共设施和一部分新兴有产阶级的宅邸都采纳了欧美庭园的设计。其结果，东京的宅邸等在袭用日本庭园的结构和设计的同时，摆脱原来日本庭园所重视的象征主义手法，出现了等身大地、写实地再现风景的动向。而山县有朋将自然主义风景式庭园的好尚带到京都，由其别墅施工负责人“植治”，即第七代传人小川治兵卫开创了近代日本庭园的一种形态。

本章将在叙述近代这种日本庭园变化的基础上，着重提及重森三玲和饭田十基：前者在进入昭和后旨在实现作为艺术的日本庭园；后者力求以杂木林为主题，开辟环境和谐型日本庭园的新天地。

## ❶ 自然主义风景式庭园

### 东京新兴有产阶级的庭园

在明治时代初期的东京，随着江户幕府的消亡，加速了大名宅邸和武家宅邸以及附属庭园的荒芜和废弃，其趋势不可阻挡。明治时代首屈一指的庭园史家小泽圭次郎在《明治庭园记》(1915)如此记述这类庭园：“最为荒凉衰落，呈现凄惨光景者，衰颓殆尽。”并感叹其遽变：“亦有不少人推倒假山，填埋园池，搬走庭石，砍伐园树。”

而继承这些宅邸或新筑宅邸的实业家、政治家等新兴有产阶级开始营造符合他们好尚的新庭园。在这些庭园中，有采用法国式园林中常见的几何学设计手法，与西洋风格的所谓洋馆建筑浑然一体；也有以写实手法为设计基调，在庭园中表现山村和溪流等赏心悦目的实景。后者在接受自然美的英国式园林(风景式园林)影响的同时，突破了以往日本庭园常用的“比拟”等象征性手法，以及平安时代《作庭记》至江户时代各种作庭书中所见的迷信禁忌，以接触欧美园林为发端开创新型的日本庭园。

明治四十三年(1910)，花道家近藤正一著《名园五十种》，对主要是明治时代营造的包括东京四十三座在内的全日本共五十座庭园进行了介绍和评论。近藤在此书中，将这些有异于以往样式的庭园称为“明治式”“近代式”“当世流”等。其中还包括采用开阔草坪等的西式设计庭园，他评论其为“天然趣味”“自然趣味”。明治元老政治家山县有朋(1838～1922)在明治十一年(1878)左右，买入东京目白高台的用地营造宅邸和椿山庄庭园，它是“天然趣味”“自然趣味”庭园的典型。有关这座庭园，近藤做了如下描写：

草坪间小径曲折，下行园池半岛，水波湛蓝，岸边绿树倒映在水中，重重叠叠；岩石苔藓，更添幽邃之趣。池端开阔处架桥，直通彼岸。池宽广有水边田地之趣。池岸狭窄处躺着一条溪流，发出淙淙声响。沿溪水出大叶竹繁茂之山阴小道，山那头扁柏深深，枝茂叶繁，其间夹杂红枫，煞似看到木曾山中秋天。树荫深处飞瀑滔滔，直落脚下溪涧。真可谓难移画中之好景趣。

虽说有文过其实之嫌，但关键在于这里所描写的庭园设计并没有使用象征性手法，山村和溪流等景观都采用了写实性手法。不仅是椿山庄，益田克德氏旧宅邸庭园、土方伯爵庭园、益田孝氏高轮宅邸庭园等都是近藤评价为“天然趣味”“自然趣味”的庭园，设计手法大致相同。这种庭园有时出于举办游园会等实用目的铺设草坪。从以“和”为主并加入西式要素的结构和设计中，可得知新兴有产阶级所追求的是庭园的舒适性和合理性。

如上所述，自明治时代较早时期起，在东京以新兴有产阶级为主营造了不同于江户时代，基于新庭园观设计理念的庭园。这种庭园与象征性手法为主的以往日本庭园完全不同，在这意义上称之为自然主义风景式庭园。



## 山县有朋与无邻庵

作为决定日俄开战的“无邻庵会议”的场所而闻名的无邻庵（京都市左京区），是山县有朋自明治二十七年（1894）历经三十年营造的别墅。山县号称作庭是其最大的趣味，负责无邻庵庭园施工的是“植治”，即第七代传人小川治兵卫（1860～1933）。

位于原南禅寺境内的无邻庵面积约三千四百平方米，是一块以西面为底边、东面尖的细长三角形用地。庭园借景东面的东山，同时活用尖端狭窄的地形，即反向利用透视法使人感觉有较实际更深的空间感。水流的设计是这样的，在用地东端引入琵琶湖疏水道的水源，分三级瀑布落下，清澈的流水向西流淌，待形成浅池后，再度作为水流经建筑物前流向西方（图 8－1）。环绕以流水为主轻快水面的是草坪广场，稍稍高出水面。沿着草坪上曲折的园路，脚踏为流水打湿的浅池踏石，可以在园内尽情环游。

**图 8-1 无邻庵庭园 庭园和东山**

明治三十三年到访无邻庵的美术评论家黑田天外曾对山县进行过采访，采访内容以“山县侯之无邻庵”为题收录在自著《续江湖快心录》(1907)中。首先，山县对以往的京都庭园如此说道：“注重幽邃，但毫无豪壮、雄大之情趣”“讲究的是谁的作品，譬如是否小堀远州作庭的，等等。多数规模小，就是茶人风格的庭园也趣味索然。因此，我决心作自我流派的庭园。”从中可看出山县对自身的庭园观和设计创意坚定不移的自信。山县在椿山庄中活用眺望，成功地采用写实性手法表现山村等景观，这些经验就是他自信的源泉。

接着山县就其无邻庵的作庭这样说道：“这座庭园的主山是东山，地处山麓下的此园瀑布和流水有必要设计成宛如自东山流出一般，石的配置、树木的栽植讲究自然”“水的处理要有流经山村河川的感觉，不作池庭而要作流水之庭”“栽植，在瀑布岩石间植蕨类植物，杜鹃花要贴着岩石种植，地被植草，乔木使用冷杉，以杉、枫、叶樱为主。”

山县的庭园观是最大限度地活用地形，在庭园内写实性地再现以自我标准发现的景观。这一点连京都传统的园艺师植治最初也理解不了。根据山县追述，植治主张“石组存在阴石、阳石、五石、七石等种种法则”；对于岩石与岩石间种植杜鹃花、群植冷杉的山县栽植指示，植治起先也十分惊讶。山县深知庭园设计的本质，在与他交往中，聪明的植治最终掌握了新时代的庭园观。

总之，京都东山山麓随着琵琶湖疏水道的完成打造了全新的环境，在此营造的融合山县构思和植治手艺的无邻庵庭园，堪称近代庭园一个划时代的杰作。植治除高超的手艺外，在与山县的交流中以为我所用的自然主义风景式庭园的庭园观及天生的工匠资质，于南禅寺一带也运用同样的结构和设计，完成了对龙山庄（京都市左京区）、有芳园（同上）等的作庭，随后将其推广到全国，如庆泽园（大阪市天王寺区）、旧古河庭园（东京都北区）、有邻庄庭园（冈山县仓敷市）等。他是一位引领明治后期至昭和初期日本庭园的巨匠。

## 平安神宫神苑

植治在营造大规模别墅庭园和宅邸庭园的同时，还将活动范围拓展到公共造园领域。其首项工程就是为纪念平安迁都1100年创建平安神宫时的神苑（京都市左京区）作庭。平安神宫为平安宫大极殿八分之五缩小版的社殿建筑，而神宫和神苑都是平安奠都千百年纪念祭协赞会营造的事业工程，具有很强的公共事业性质。

明治二十七年（1894）夏天，植治出乎意料地收到神苑的作庭委托，此时他正从事无邻庵的作庭。这年十一月，植治接受特命负责现今西神苑和中神苑的作庭工程，工程费1700.3日元。他引琵琶湖疏水道水源营造西神苑白虎池和中神苑苍龙池，买下伏见城址“桃山官林”（京都市伏见区）遗弃的庭石作为景石重新利用，在池的周围种下樱花和红枫。毫无疑问，这些庭石都是丰臣秀吉或德川家康、秀忠时代庭园中使用过的遗物。在预算少、工程紧的情况下，利用因地制宜的材料和高超的技术营造了出人意料的明朗空间，没有辜负协赞会的期望。

其后，植治与平安神宫也保持着密切的关系。明治四十年、大正元年（1912）至二年，他又分别从京都市和京都府买下了原来丰臣秀吉建造五条大桥和三条大桥的花岗岩桥墩和桥台，用来建造中神苑那设计极具现代感的卧龙桥（本章标题页照片）。自大正五年起，植治着手营造以栖凤池为主的现今东神苑，其过程中利用琵琶湖疏水道的水源，从琵琶湖西岸的滋贺县志贺町守山等地调集了大量庭石。通过这些事实可以看出，平安神宫神苑是以京都的历史沉淀和风土为经线，以琵琶湖疏水道及其与政府行政的关系等近代社会结构为纬线，由植治精心编织的杰作。

植治因为当初神苑营造的成功而深得政府行政的信赖，其后还参与了明治三十年帝国京都博物馆、同三十七年京都府厅、大正三年圆山公园等公共事业工程的建设。其中，在圆山公园（京都市东山区）的改造工程中，植治负责施工的瀑布和流水及园池部分，作为在都市公园中导入日本庭园的设计杰作，具有历史性意义。

## 三溪园——近代茶人的美妙世界

明治时代后期至大正初年，横滨营造了规模空前的大型自然主义风景式庭园。这就是原富太郎（1868～1939，号三溪）营造的三溪园（横滨市中区），他不仅是代表近代横滨的实业家，而且以爱好茶汤和美术的茶人闻名。

三溪园面积约十七万五千平方米，用地广阔，其中一部分是幕末至明治时代横滨豪商原善三郎明治初年买下的。明治三十二年（1899）妻子的祖父原善三郎逝世后，原三溪继承家业成为掌门人，后陆续购买土地，开始营造自己构思的三溪园。同三十五年，新筑主宅鹤翔阁，同时着手古建筑的移建。庭园工程由手下的园艺师海老泽龟二郎负责，同三十九年，完成了现今外苑部分大池等的整修，遵从原本人的意向对外开放。日本最早正规的都市公园日比谷公园（东京都千代田区）开园为明治三十六年，而作为私家庭园的三溪园选择此时对外开放可谓划时代的尝试，值得大书。

三溪园开园后，原持续古建筑移建等的营造。大正三年（1914）将旧灯明寺（京都府木津川市）的三重塔移建至大池西面丘陵上作为全园的地标，从而完成了外苑的建设（图 8－2）。自翌年起，开始着手作为私人空间的内园营造，在整修池和溪流的同时，陆续移建多座古建筑，如纪州藩岩出御殿的遗构临春阁等。大正十一年移建江户时代初期武将茶人佐久间将监的听秋阁，完成了内园的营造。翌年四月，召开了内园竣工的大师会茶会。内园移建建筑物的布局及其周边的作庭也都是根据原的构思进行的。

**图 8－2　三溪园　外苑和三重塔**

三溪园中，呈雁行状排列的临春阁以绿山为背景倒映在池中，英姿潇洒的听秋阁与宛如天成的溪流相辅相成，外苑内园处处点缀着好看的景色。三溪园空间结构的中心是耸立在园内丘陵上的三重塔，从园内的各个景点都能看到这座地标，它规定了各处建筑和庭园的关系。自临春阁和听秋阁的建筑眺望三重塔，其姿态十分美丽，从中可窥见茶人原杰出的美意识。

活用复杂多变的地形，采用含蓄寻味的做法，移建古建筑做到因地制宜。三溪园庭园可谓营造了原三溪胸中的理想风景，与近世以前的象征性手法诀别，作为自然主义风景式庭园博得了世人的高度好评。

## ❷ 作为艺术的庭园、作为环境的庭园

### 作为艺术的庭园

昭和时代二战前至战后，在日本庭园的研究和创作方面有位超群的造园家，他就是近年得到重新评价的重森三玲（1896～1975）。重森生于冈山，早年立志当画家来到京都。其后定居京都从事茶道、花道等传统技艺的实践和研究，同时进行全国古庭园的调查，并参与作庭。

据说重森一生作庭约二百座。其正式所作的第一座庭园，是其晚年自称代表作的东福寺方丈庭园（京都市东山区）。从昭和九

年(1934)开始,重森结合文献调查并实测了全国约四百座古庭园,作为成果出版了《日本庭园史图鉴》。在图鉴出版后的昭和十四年,他接受东福寺的委托进行方丈的作庭。重森通过实地调查全国各地的古庭园,确立了自身对日本庭园的理解:石组的象征性就是日本庭园的艺术本质,而追求舒适性、缺乏紧张感的近世、近代庭园作为艺术是堕落的。因此,重森在进行东福寺方丈作庭时,坚持"作为纯粹艺术之庭园"的理念。他在东福寺方丈的东南西北分别以独立的主题造园,这里列举庭园的中心南庭。

方丈南庭自方丈看位于左手,东南土墙边配置象征蓬莱山的石组,自方丈中央正面敕使门向东,以石组表现方丈、瀛洲、壶梁的神仙岛(图8-3)。用重森自己的话来说,瀛洲和壶梁的石组分别含蓄表现龟和鹤。卧石的水平和竖石的垂直,这些对比明显的石组给观者极具动感的印象。而自方丈看位于右手即西侧,象征京都五山的五座矮矮的假山覆盖着苔藓,与左手的石组在素材和造型上形成鲜明的对照。这种结构和设计宛如在白沙这块画布上的绘画,是置身于建筑和土墙空间里的雕塑。东福寺方丈南庭可谓"庭园是描绘在大地上的立体绘画、雕塑"这一重森庭园观的实践。

**图8-3 东福寺方丈南庭**

重森的作庭除东福寺方丈庭园外,有同寺的龙吟庵、大德寺塔头瑞峰院(京都市北区)、松尾大社(京都市西京区)等寺院神社庭园,还有曾是自宅的重森三玲庭园美术馆(京都市左京区)等,数量庞大。对于这些庭园的评价，礼赞(肯定)派和敬远(否定)派黑白分明。野村勘治氏(庭园设计)这样指出:“前者是就庭园的艺术性做出的评价，而后者较其艺术性，是就庭园的舒适性做出的评价。”这是个恰如其分的评价。不过，还是有必要注意重森的庭园中存在优劣，即有成功和不成功的作品。

## 作为优美环境的庭园

对于前节中涉及的自然主义风景式庭园，尽管重森三玲就其部分局部性手法有过评价，但就整体而言其评价相当严厉。以自然主义风景式庭园的业主群为主的新兴有产阶级的好尚，多与近代或现代大多数人的好尚相通，套用野村勘治氏的话说，即较其艺术性，庭园的舒适性更应该予以肯定。

沿着这个方向为日本庭园开拓新天地的是以东京为主从事创作的饭田十基(1890～1977，真名寅三郎)。饭田先后师从园艺师松本几次郎、岩本胜五郎以及以小庭园名家著称的铃木次郎，后自立门户，而这些园艺师都是明治末至大正前半期当时东京造园界的名人。饭田恰逢其时地开始营造后来自称为“杂木之庭”形式的庭园，他设计过许多住宅庭园，重视“与环境的协调”和“与建筑的协调”。换言之，饭田所追求的是不自我张扬的庭园，因为他对东京周边的杂木林情有独钟，并用以造园。

图 8-4　等等力溪谷公园中的日本庭园

饭田在作庭时，能保留的树木尽量留着，还按需补植杂木。以东京武藏野台地的杂木林为样板，多使用枹栎、麻栎、鹅耳枥、安息香、鸡爪枫等。饭田的看家本领是在杂木植被中有机地融合进景石、石灯笼、园路、篱笆等庭园要素。在继承明治时代以来的自然主义风景式庭园精髓的同时，融入业主希望庭园所具有的舒适性。饭田以“杂木之庭”的形式营造温馨的环境，从而指出了与重森庭园别样的日本庭园的方向，功不可没。

饭田建造的庭园有千座以上，其多数主要为面积在数百至数千平方米的住宅庭园。不过，饭田的造园现存的不多，除曾是自宅的旧饭田宅邸（东京都涩谷区）外，还有原为私宅现公有化对外开放的等等力溪谷公园的日本庭园（东京都世田谷区，图 8－4）。

# 尾　章　作为文化资源的日本庭园

——如何传给后代？

国内外游客蜂拥而至的龙安寺庭园

## 时代的美意识与自然景观

无论古今东西，人们通过庭园所追求的是理想的，至少是如意的户外空间的创造。“理想的”或“如意”的内容因造园主体（业主）和目的而异，不过，可以说业主的好尚等基本上也受到风土和时代的制约。

日本的风土中孕育出的日本庭园，在历史上曾发生过种种的变化，前面我们从史前广义上的“庭园”开始，叙述了其古代、中世、近世、近现代的时代历程，在此再进行一下概况的回顾。

首先，绳纹时代和弥生时代的祭祀空间、古坟时代附有环壕的古坟和水边祭祀场等，都是各个时代社会中具重要意味的户外空间，其择地和修景上都反映了各个社会所孕育的美意识。

飞鸟时代，从朝鲜半岛的百济传来作为先进文化的庭园，在来日工匠等的直接参与下，飞鸟都城营造了以几何学平面形的园池和加工精巧的石造物为主的庭园。先进文化和技术就是美。奈良时代，以中国唐代园林设计为基础，在平城宫和平城京确立了以曲池、洲滨、景石、石组为特征的庭园设计形式。这种设计形式从一开始就融合进日本风格，具有能够反映日本各地实景的性质，从而成为以后"日本庭园"的基础。平安时代，寝殿造庭园以奈良时代确立的设计形式为主，作为贵族住宅寝殿造的附属物而出现，并以此明确表现了"写名胜景观"这种日本评价自然美的美意识。净土庭园基于的是在现世具现极乐净土的美意识，但它没有逾越寝殿造庭园宗教性变化的界限。

镰仓时代，重视选择伽蓝及其周边的自然和人工优秀景观作为"境致"的思想，随着禅宗的兴隆而得到普及，并体现在南北朝时代梦窗疏石的作庭上。与宋元文化关系密切的禅宗寺院的美意识对室町时代后期的枯山水样式的诞生和发展产生了很大的作用。战国时代始于町众的草庵风茶在安土桃山时代因千利休而大功告成，其茶室和露地（茶庭）的设计追求的是身居市中有山野之趣，是一种极其都市化洗练的美意识。而醍醐寺三宝院和二条城二之丸庭园所见树木石组之奢侈豪华的庭园设计，反映了乱世英雄安土桃山时代天下人丰臣秀吉的美意识。

江户时代，诞生了以池庭为基础、综合露地要素和局部枯山水设计的环游式庭园。包括大名庭园在内的环游式庭园，作为社交和招待客人的场所，其基调是以和汉诗文学养和共同学识为前提的美意识。

近代的日本庭园就整体而言，摆脱了以往的象征性手法，具有自然主义的方向性，即等身大地、写实地再现优美的景观，其根基是近代合理主义性质的感性。

由此看来，日本庭园的结构和设计是在各时代社会和文化背景中产生的美意识的影响下，伴随时代所要求的功能变化而来的。

奈良时代以降各时代日本庭园的设计基调中，无论其表现的内容如何，始终存在着富于变化、四季多彩的日本式自然景观。换言之，对于日本人而言，“理想”的或“如意”的户外空间的样板就在现实美丽的自然景观中。可以说，模仿自然景观或试图作为主题重新打造，用来创作理想的户外空间，这便是日本庭园的历史。

## 日本庭园的保护

保护有历史或艺术价值的庭园——文化财庭园的法律，即《文化财保护法》制定于1950年。根据《文化财保护法》的规定，庭园被归入“纪念物”主要是“名胜”的类别中。截止到2008年9月，根据《文化财保护法》指定为名胜的庭园（含公园）达二百座。这些庭园在修复和整修时享受资金补贴等保护措施。还有许多根据都道府县、市町村文化财保护条例等被指定成为保护对象的庭园。另一方面，也有保护网难以覆盖的、破损严重或逐渐消失的日本庭园，其中不少是近代以降的住宅庭园。第八章提及的饭田十基的造园，大半是住宅庭园，留存的寥寥无几。为防止事态恶化，当务之急是都道府县、市町村须出台庭园普查以及之后的保护措施。

同样，日本庭园的管理维持也是个吃紧的课题。日本庭园主要是用土、石、植物、水等自然材料营造的，管理维持不可或缺。泥土的地形会产生塌方，需要修复；石组松懈时需要夯实；园池的给排水需要时时关心；树木剪枝和地被（草坪和苔藓）需要修整。这些都怠慢不得。因此，可以说日本庭园就是靠管理维持经久不衰的。特别是具有文化财价值的庭园，保持其形象才能突显其意义，为此对传统技术的保存和传承要求极高。近年来，文化财庭园保存技术者协议会被文化厅指定为“选定保护技术保存团体”，从结构上明确其作用令人欣慰，今后希望其拓展业务范围。

## 作为观光资源

平安时代的嵯峨院遗址（大泽池）和平等院以及室町时代的鹿苑寺（金阁寺）、慈照寺（银阁寺）或江户时代以降的许多庭园，虽说其形态多少发生了变化，但在地面上保存至今。此外，近些年来，古坟时代的水边祭祀场城之越遗址、奈良时代的平城宫东院庭园和宫遗址庭园或室町时代的一乘谷朝仓义景馆遗址庭园和江马氏下馆遗址庭园等，这类根据发掘成果复原和整修的庭园也在增加。在日本，保留有许多跨越千百年各个时代、各种样式的庭园，大多数已对外开放。这在世界上实属罕见。作为盘活庭园的方法，首先考虑的是观光。这在第七章已涉及，庭园自江户时代起就已经作为观光资源深入人心。

京都市年游客量近 5000 万人次，长久不衰的人气景点就是寺院和神社。而庭园比起建筑物、雕塑和绘画等来，是人气最旺的观光要素（本章标题页照片）。每个季节庭园都有不同的装束，同个庭园即便去了两三次，每次的印象也都各不相同；庭园不同于建筑物和佛像需要事先做功课，去了就能直观地感受景色的美丽。当然，不仅是京都的寺院神社庭园，在全国各地，市民和游客蜂拥而至的日本庭园真是不少，如冈山后乐园和金泽的兼六园等。

## 来自海外的高度评价

对日本庭园感兴趣的外国人不少。使用英文版谷歌（http://www.google.com/）的因特网搜索引擎查找“Japan garden”的话，大约可有 958 万条结果。它是“Chinese garden”195 万条的约五倍，“Korean garden”45.3 万条结果的约二十倍以上，占压倒性多数。与欧洲各国相比，虽说不及“French garden”的约 1260 万条、“English garden”的约 1240 万条，但远远高出“Italian garden”的约 700 万条。可以说，在以欧美为中心的广义英语圈里，东洋庭园中日本庭园拔得头筹，赢得眼球。

外国人高度评价日本庭园，并非现在才有。第五章提及的弗罗伊斯以及室町时代末期至安土桃山时代来日的传教士们对于宗教上敌对关系的佛教寺院庭园也给予了很高的评价。江户时代滞留在长崎荷兰商馆中的肯贝尔（Engelbert Kaempher，1651～1716）、西博尔德（Philipp Franz von Siebold，1796～1866）等人不惜用最美的话语赞美日本庭园。明治时代，作为外国人教习来日的英国人建筑家乔西亚·康德尔（Josiah Conder，1852～1920）专研日本庭园，著书《日本的庭园》（*Landscape Gardening in Japan*），向海外介绍日本庭园。来日的外国人(欧美人)总的来说都高度评价日本庭园。出于对日本庭园的高度评价,特别是十九世纪末至二十世纪初期,在欧美也营造起“日本庭园”。

根据日本政府观光局(JNTO)的统计,平成十九年(2007)的访日外国客人(入境的外国游客)为834万人次。这个数字包括外国驻在员和留学生,但大多为观光目的的游客。其中不见参观日本庭园的游客的统计,但结合外国游客多造访京都以及先前因特网上的点击率,印象上该是个相当的数量。也就是说,日本庭园作为访日外国人的观光资源占据着重要的位置。日本庭园是在日本风土、各时代社会和文化背景下的美意识中孕育诞生的,让海外游客亲身体验其精髓,这毫无疑问也能帮助他们理解日本文化。

## 作为文化资源的日本庭园

日本庭园不仅仅作为观光资源非常重要,而且其结构和设计或以《作庭记》所代表的理论影响现代乃至将来。无论对庭园还是公园或是都市设计,甚至对国土的修景和环境保护也都提供了理论依据,发挥着应有作用。同时,作为了解各时代日本的切入点,日本庭园有时还是历史学的有形资料。

日本庭园的有形资料作用也非常重要,相比作为观光资源的作用毫不逊色。就这个意义而言,日本庭园作为具有历史底蕴的文化资源,在向下一代传承日本庭园及其保护技术,进而开创日本庭园新天地这点上,其重要性不言而喻。

# 参考文献


全书

森　蕴『日本史小百科一九　庭園』近藤出版、一九八四年
吉川需『日本の名勝(庭園Ⅰ・Ⅱ)』講談社、一九八三年
堀口捨巳『庭と空間構成の伝統(縮刷版)』鹿島研究所出版会、一九七七年
奈良国立文化財研究所編『発掘庭園資料』奈良国立文化財研究所、一九九八年
武居次郎・尼崎博正監修『庭園史をあるく』昭和堂、一九九八年
白幡洋三郎『庭園の美・造園の心』(NHKライブラリー)日本放送出版協会、二〇〇〇年
飛田範夫『日本庭園と風景』学芸出版社、一九九六年
飛田範夫『日本庭園の植栽史』京都大学学術出版会、二〇〇二年
小野健吉『岩波日本庭園辞典』岩波書店、二〇〇四年
藤井恵介・玉井哲雄『建築の歴史』(中公文庫)中央公論社、二〇〇六年

第一章

奈良文化財研究所監修『日本の考古学』(図録)小学館、二〇〇五年
人間文化研究機構国立歴史民俗博物館編『弥生はいつから!?』(図録)人間文化研究機構国立歴史民俗博物館、二〇〇七年
小林達雄「縄文人、山を仰ぎ、山に登る」(『國學院大學考古学資料館紀要　第二一輯』)、國學院大學考古学資料館、二〇〇五年

小林達雄「縄文文化と神道」『神道と日本文化の国学的研究発信の拠点形成・研究報告 1』國學院大學「神道と日本文化の国学的研究発信の拠点形成」（文部科学省二一世紀 COEプログラム）編、二〇〇七年

大阪府立弥生文化博物館編『縄文の祈り・弥生の心』（図録）大阪府立弥生文化博物館、一九九八年

白石太一郎「古墳の周濠」『角田文衛博士古希記念古代学論争』角田文衛博士古希記念事業会、一九八三年

奈良県立橿原考古学研究所付属博物館編『カミによる水まつり』（図録）奈良県立橿原考古学研究所付属博物館、二〇〇三年

## 第二章

和田　萃『飛鳥——歴史と風土を歩く』（岩波新書）岩波書店、二〇〇三年

橿原考古学研究所編『発掘された古代の苑池』学生社、一九九〇年

新疆ウイグル自治区文物管理委員会、拝城県キジル千仏洞文物保管所編『中国石窟・キジル石窟 2』平凡社、一九八四年

金子裕之編『古代庭園の思想』角川書店、二〇〇二年

奈良文化財研究所飛鳥資料館編『日本書紀を掘る』（図録）奈良文化財研究所飛鳥資料館、一九九〇年

奈良文化財研究所飛鳥資料館編『斉明紀』（図録）奈良文化財研究所飛鳥資料館、一九九六年

奈良県立橿原考古学研究所編『飛鳥京跡苑池遺構調査概報』学生社、二〇〇二年

林部　均「飛鳥京跡に日本庭園の源流をさぐる」『別冊太陽——京・近江・大和の名園』平凡社、二〇〇四年

## 第三章

小澤　毅『日本古代宮都構造の研究』青木書店、二〇〇三年

本中　真『日本古代の庭園と景観』吉川弘文館、一九九四年

田中哲雄「古代庭園の立地と意匠」『造園の歴史と文化』養賢

堂、一九八七年
奈良文化財研究所編『平城宮跡発掘調査報告ⅩⅤ——東院地区の調査』奈良文化財研究所、二〇〇三年
奈良文化財研究所編『古代庭園研究Ⅰ』奈良文化財研究所、二〇〇六年
奈良国立文化財研究所編『平城京左京三条二坊六坪発掘調査報告』奈良国立文化財研究所、一九八六年
高山暹治「神仙思想と古代都市」『奈良県観光』三六八・三六九号、一九八七年
中国社会科学院考古研究所洛阳唐城队“洛阳东都上阳宫园林遗址发掘简报”《考古》一九九八年第二期、中国社会科学院考古研究所、一九九八年
中国社会科学院考古研究所长安唐城队“唐长安城大明宫太液池遗址考古新收获”《考古》二〇〇三年第十一期、中国社会科学院考古研究所、二〇〇三年
奈良国立文化財研究所編『長屋王邸宅と木簡』吉川弘文館、一九九一年
奈良県立橿原考古学研究所編『松林苑跡Ⅰ』奈良県立橿原考古学研究所、一九九〇年

**第四章**

京都市文化財保護課編『京都の庭園——遺跡に見る平安時代の庭園』(京都市文化財ブックス第五集)京都市文化財保護課、一九九〇年
太田静六『寝殿造の研究』吉川弘文館、一九八七年
古代学協会・古代学研究所編『平安京提要』角川書店、一九九四年
田村　剛『作庭記』相模書房、一九六四年
森　蘊『「作庭記」の世界』日本放送出版協会、一九八六年
速見　侑『地獄と極楽』吉川弘文館、一九九八年
秋山光和ほか編『平等院大観』第一巻、岩波書店、一九八八年
城南文化研究会編『城南——鳥羽離宮址を中心とする』城南

宮、一九六七年
斉藤利男『平泉』(岩波新書)岩波書店、一九九二年
菅野成寛「平泉無量光院考」『岩手史学研究』第七四号、一九九一年

**第五章**

外山英策『室町時代庭園史(復刻)』思文閣、一九七三年(原本岩波書店・一九三四年)
川上　貢『日本中世住宅の研究』墨水書房、一九六七年
横山　正『禅と建築・庭園』ぺりかん社、二〇〇二年
枡野俊明『夢窓疎石　日本庭園を極めた禅僧』日本放送出版協会、二〇〇五年
飛田範夫『庭園の中世史——足利義政と東山山荘』吉川弘文館、二〇〇六年
尼崎博正『庭石と水の由来』昭和堂、二〇〇二年

**第六章**

小野正敏『戦国城下町の考古学』(講談社選書メチエ)講談社、一九九七年
林屋辰三郎ほか編『角川茶道大事典(普及版)』角川書店、二〇〇二年
千宗室監修、中村利則編『茶道学体系第六巻　茶室露地』淡交社、二〇〇〇年
村井康彦『茶の文化史』(岩波新書)岩波書店、一九七九年
尼崎博正『図説茶庭のしくみ』淡交社、二〇〇二年
田中正大『日本の庭園』鹿島出版会、一九六七年
森　蘊『小堀遠州』吉川弘文館、一九六九年

**第七章**

宮内庁京都事務所『桂離宮』伝統文化保存協会、一九九七年
宮内庁京都事務所『修学院離宮』伝統文化保存協会、一九九五年

白幡洋三郎『大名庭園』(講談社メチエ)講談社、一九九七年
神原邦男『大名庭園の利用の研究』吉備人出版、二〇〇三年
秋里籬島(白幡洋三郎監修)『都林泉名勝図会(上)(下)』(講談社学術文庫)講談社、一九九五年・二〇〇〇年
安藤優一郎『観光都市江戸の誕生』新潮社、二〇〇五年

## 第八章

尼崎博正『植治の庭——小川治兵衛の世界』淡交社、一九九〇年
財団法人三渓園保勝会編『三渓園一〇〇周年——原三渓の描いた風景』神奈川新聞社、二〇〇六年
マレス・エマニュエル編『重森三玲——永遠のモダンを求め続けたアヴァンギャルド』京都通信社、二〇〇七年
京都林泉協会編『推奨日本の名園(京都・中国編)』誠文堂新光社、一九七八年
日本庭園協会編『飯田十基庭園作品集』創元社、一九八〇年
小形純一「飯田十基——雑木の庭の創始者」『ランドスケープ研究』第六一巻一号、日本造園学会、一九九七年
岡島直方『雑木林が創り出した景色』郁朋社、二〇〇五年

## 尾　章

鈴木　誠『欧米人の日本庭園観』東京農業大学農学部造園学科、一九九七年

古典的引用出自以下图书:『日本古典文学大系』『新日本古典文学大系』『群書類従』『大日本史料』『大日本古記録』『国史大系』等。为便于读者阅读,书写上做了适当修改,并对汉文进行了日语读解。

除以上所列书目外,还参考了学术图书、学术杂志、发掘调查报告书、发掘调查简报、图录等许多资料,不少的相关机构提供或同意使用相关的照片或图版,在此我表示深深谢意。

# 后　记

我写这本书的动机，是想向一般读者普及日本庭园的历史知识。社会上，对日本庭园抱有兴趣，或常常造访日本庭园中的所谓名园的人想必不在少数，也有人在自家的庭园里引入日本庭园的某些要素。然而，这些人当中，即便有些人浏览过日本庭园的写真集，但对于其历史，读过完整内容书籍的人恐怕为数不多。看着展现在眼前的美丽庭园景色，心情上有种慰藉或感动，这当然是享受庭园乐趣的一种表现。而熟知其历史，知道其在日本庭园史上的地位，自会加深对庭园乐趣的理解。

以往的日本庭园史研究主要基于现存庭园和文献史料，而近年也从庭园史的观点出发解读绘画史料，或通过发掘调查以新发现的庭园遗址为其重要对象展开研究，并取得了新的进展。特别是现在不存在的、不得不依赖文献史料的古代庭园，如今根据发掘调查接连不断地探明了其实际状况，其意义不可谓不大。包括这些在内，我想以通史形式简明扼要地向读者介绍以往研究获得的日本庭园历史的成果。

我的愿望是让年轻人更加关注日本庭园，出现立志研究日本庭园及其历史的新人。实际上白幡洋三郎先生（国际日本文化研究中心）在《庭园之美・造园之心》（日本放送出版协会）的“后记”中曾说过这样的话，我也颇有同感。去京都的庭园，会遇见许多年轻人，他们中间对日本庭园饶有兴趣或觉得其不错的大有人在。日本庭园史的研究以发掘调查的成果、文献史料、绘画史料为依据，有许多有待研究的对象。但与相近领域的日本建筑史等比较，其研究人群极为稀少，这种状况难道不该扭转吗？假若在书店或图书馆里，有谁手拿这本书阅读，并以此为契机立志研究日本庭园，哪怕只有一个人，我也会感到欣慰的。同时希望接收日本庭园研究新生力量的研究机构自身也须更加充实。

通过通史的写作，我的切身体会是在记述各时代的事例时，面面俱到可谓难事。我在奈良文化财研究所工作，曾将飞鸟时代、奈良时代庭园作为自己的研究课题。现在重读本书，自觉这方面的记述与同类书相比，篇幅要多；而有关江户时代的庭园，因为没有进行过系统研究，记述显得单薄。请包容我的不足。同时就整体而言，作为庭园重要构成要素，植物的记述也十分有限，敬请原谅。有关日本庭园的栽植历史，飞田范夫先生（长冈造形大学）著的《日本庭园的栽植史》（京都大学学术出版会）有详细论述，推荐有兴趣的读者阅读。至于日本庭园特有的用语，本书在记述时尽量做到简明易懂，但由于新书版（日本书籍开本之一，173 mm×106 mm，一般用于文化教育类或休闲类读物）的版面容量有限，也有不少言语未尽的地方，这些敬请参阅拙著《岩波日本庭园辞典》（岩波书店）。

本书的编辑出版承蒙岩波书店新书编辑部早坂希女士和千叶克彦先生的关照。特别是早坂女士从策划阶段起就为本书出谋划策，在考古发掘数据的使用和文献史料的原文引用等方面，对于难以解释的部分我往往会写得过多，而早坂女士却会考虑读者阅读时需简明易懂，提出贴切的意见。在此深表谢意的同时，为由于原稿拖延，没能赶在早坂女士退职前交稿表示道歉。还有向原辞典编辑部的鸟居良先生表示感谢，他是以前出版《岩波日本庭园辞典》时的责编，这次又承蒙他为我与新书编辑之间穿针引线。

本书的内容是在日本庭园史研究前辈们功绩的基础上完成的。第一章承蒙祢宜田佳男先生（文化厅纪念物科）、第三章承蒙小泽毅先生（奈良文化财研究所）的教诲。大概四分之一世纪前，我跟已故村冈正先生学习了庭园史研究的基础，其后在工作单位奈良文化财研究所从学长和同僚那里学到了许多东西。借此，对他们再次表示深深的谢意。

小野　健吉

平成二十一年（2009）一月

# 译者后记

本书著者小野健吉先生1955年生于日本和歌山县。1978年毕业于京都大学农学部林学科。1998年获京都大学博士(农学)学位。小野健吉先生曾先后任京都市文化观光局文化财保护技师、奈良国立文化财研究所主任研究官和文化厅文化财部纪念物科主任文化财调查官,现任独立财团法人国立文化财机构奈良文化财研究所副所长兼都城发掘调查部部长、京都大学研究生院人与环境学研究科客座教授。其专业为日本庭园史、历史遗产保护与再利用。

小野教授是一位长年耕耘在考古发掘现场和教育第一线的研究型学者,他具有丰富的第一手资料、经验和学识,理论结合实际,并基于考古发掘成果、文献史料和绘画资料等著书立说,开辟了日本庭园史研究的新天地。他的研究涉及整个日本庭园史,尤以七、八世纪的日本庭园与中国的园林、朝鲜半岛的庭苑的比较研究见长,同时还对日本庭园与欧洲园林、如意大利园林的意匠和园林文化之异同等抱有学术兴趣,遗址等历史遗产的保护和再利用也为其研究的对象。专著有《日本庭园——空间美的历史》(岩波书店,2009)、《岩波日本庭园辞典》(岩波书店,2004)、《以京都为主的日本近代庭园的研究》(奈良国立文化财研究所,2001)等,另外还有不少合著和大量的考古发掘报告书。

《日本庭园》是小野先生继《岩波日本庭园辞典》之后撰写的面向普通读者介绍日本庭园历史的普及性读物,全书删繁就简,为我们扼要而清晰地展现了日本庭园史的全貌。全书由九章组成,第一章讲述了日本庭园的起源,即绳纹、弥生、古坟时代的屋外造型,当初这些都是与祭祀和葬礼或古坟有关,绳纹时代配石遗构的环状列石是葬礼设施，弥生时代的祭祀场也称得上是广义上的“庭园”，而古坟时代的前方后圆坟更像座“庭园”，甚至还包括园池、与后世庭园相通的洲滨和立石的做法。第二章根据文献史料及考古发掘调查的成果，介绍了飞鸟时代吸收朝鲜半岛的庭园信息及造园的情况。诸如来自朝鲜半岛的造园师路子工及其营筑的须弥山像和吴桥，堪称日本庭园最早的建造记录。以往庭园史料都基于《日本书纪》和《万叶集》等中的描写，但近年随着奈良飞鸟地区考古发掘调查的进展，不断有庭园遗构的出土，如岛庄遗址的方形池、石神宫殿的飨宴遗构、飞鸟京遗址苑池以及酒船石遗址的庭园遗构等。第三章通过考古发掘调查所发现的奈良时代庭园遗构，结合《续日本纪》和《万叶集》等记载的史料信息，梳理了奈良时代、尤其是平城京的庭园文化。东院庭园则为这个时代的典型，现经奈良文化财研究所复原并对外开放。其他还有宫迹庭园，是与东院庭园比肩的奈良时代庭园遗构。除宫廷庭园外，还发掘了十数处贵族和寺院的庭园遗构。奈良时代庭园全然不同于飞鸟时代，在设计上受到了唐代园林设计理念的影响。第四章分三个时期讲述了平安时代的日本庭园，即前期营造的大规模池庭、中期伴随贵族住宅寝殿造而诞生的寝殿造庭园、中期尾声至后期出现的体现极乐净土的净土庭园。京都东寺的神泉苑园池即为前期池庭遗构，嵯峨野大觉寺境内的大泽池也是其中之一。通过对《作庭记》以及当时贵族的日记、物语等文献史料还有画卷等的解读，为我们呈现了寝殿造庭园的容姿，而《作庭记》是一部了解日本庭园不可或缺的书籍。净土庭园的典型为现存的京都宇治的平等院，还有后期的岩手县平泉的毛越寺和无量光院庭园遗构。第五章以禅宗为主线讲述了镰仓和室町时代的日本庭园，渡日中国高僧引入日本禅宗五山十刹的境致（十境）理念也影响了这些时代庭园的景观设计，而日本高僧梦窗疏石在京都西芳寺和天龙寺十境等设计上充分体现了这种理念。此外还介绍了足利义满的北山殿（鹿苑寺）和足利义政的东山殿（慈照寺），并以京都大仙院书院庭园和龙安寺为例，介绍了日本庭园典型之一的枯山水。第六章讲述了日本战国时代（1467～1568）的庭园文化，既有地方大名的庭园，如一乘谷朝仓氏遗址的庭园群等，又有以千利休、古田织部、小堀远州等人为代表的露地(即茶庭),而后者的美意识对以后江户时代的庭园和建筑等具有重大之影响。此外,书院造庭园促成了景石、石组和栽植等坐观式庭园景观的形成。第七章讲述了江户时代的环游式庭园和大名庭园。前者的典型为桂离宫和修学院离宫,它以京都传统的公卿贵族的别墅文化为主,融入露地功能和设计以及枯山水手法,是一种前所未有的新样式。而后者即为大名们在江户住地或领地营造的环游式庭园,著名的有东京的后乐园、旧芝离宫庭园、旧滨离宫庭园和高松市的栗林公园、冈山市的后乐园、熊本市的水前寺成趣园等。第八章讲述了近代日本的自然主义风景式庭园,如无邻庵、平安神宫神苑和三溪园等。对旨在实现作为艺术的日本庭园的重森三玲和以杂木林为主题开辟日本庭园新天地的饭田十基重新做了评价。尾章讲述了日本庭园的保护和其作为文化资源、观光资源的重要性,并介绍了海外对日本庭园的高度评价。综观全书,令我印象深刻的是,此书虽说是一部面向一般读者的日本庭园普及性读物,但因为小野先生是位身兼考古工作和教育工作的研究型学者,在考古成果的运用和文献史料的使用上却也能够做到得心应手、相得益彰。相信这本日本庭园入门书也定会引发我们中国读者的共鸣,为我们了解和学习日本庭园起到事半功倍的促进作用。

有关中国园林与日本庭园的关系,想必也是关注日本庭园的中国读者十分关心的话题。京都大学名誉教授田中淡先生(1946～2012,建筑史)生前曾在《在日本的中国园林》一文中指出:“根据近年来考古发掘调查的成果,中国园林对日本初期庭园的诞生给予了决定性的影响,这是不争的事实。它促成了净土(寝殿造系列)的庭园样式,并成为古代和中世庭园的规范,也给予择地、方位的选定和禁忌观念以模板。这以后一直到江户时代,明末计成的造园理论兼实用书《园冶》传到日本,其内容十分翔实,在缩景和借景这些特定的取景手法上,日本庭园虽说有模仿该书相同元素的可能性,但比起其书直至近代一直广受重视来,造园上直接影响的痕迹却不明显。而另一方面,出于憧憬异国的中华趣味,庭园建筑和景物的命名诗意盎然,但这份趣味最终却没反映在造园本身的根本方面,只是停留在肤浅的理解层面。总之,可以说日本庭园直至后世，都以朴素的形式继承着中国早已失去的早期园林之元素。”就已有的研究成果和今后的研究展望而言，田中先生的观点应该说是中肯且需要得到重视的。田中先生还在文中谈到了东院庭园的驳岸处理模仿唐代长安城和洛阳城的宫苑，宫迹庭园苑池模仿王羲之兰亭的“流觞曲水”，而宫迹庭园和平泉毛越寺庭园传递的是古代中国的仪式化习俗。第二、作于平安末期（约 1140 年）的《作庭记》堪称东亚最古的园林专著，但其中也存在明显受中国影响的元素，最为典型的是有关营造建筑物和庭园时的禁忌，其基于的是“阴阳五行说”，与中国的堪舆、地理、风水理论相通。第三、《园冶》理应对日本庭园有直接的影响，然在江户时代大名庭园的造庭筑山中难以找到其明显的痕迹。不过模仿江南名胜的中国趣味的造庭却十分盛行。中国园林讲究结合山水画的独自的配景手法，而日本庭园注重单纯的缩景。中国园林和日本庭园都重视“借景”，远借、邻借、仰借、俯借这四种借景中，日本庭园喜用的是远借，而与绘画有着密切关系的、类似借景的所谓“框景”，在日本庭园中不存在，等等。（田中淡「日本における中国庭園」，蔡毅編『日本における中国伝統文化』第 174～185 页，勉誠出版，2002）

已故同济大学教授陈从周先生（1918～2000，建筑史、园林史）1986 年 9 月为出席日本建筑学会百年纪念“亚洲建筑交流国际研讨会”访问了奈良、京都和东京。在参观桂离宫被问及对日本庭园的印象时，陈老先生回答道：“中国园林人工中见自然，日本庭园自然中见人工。”这是句对中国园林与日本庭园的关系高度概括的名言。随后，他在 1988 年 5 月 17 日接受村松伸先生（现为日本综合地球环境学研究所教授、东京大学生产技术研究所教授）采访时还说道：“日本庭园树木繁茂，水面宽阔，但仍在某些方面体现出人工的元素”“日本保存着相当于唐时代的古建筑，大饱眼福。尤其是修复的方法更是让人敬佩。”陈老先生用“得体”来称赞日本古建筑的修复工作。他在论述中国园林时，提到它同中国绘画，讲究“立意”“构图”“诗情画意”，中国园林并非单凭技术性的“式”，而靠的是注重整体性的“法”，讲究“意境”，比如园名以及园林中建筑物的名称、匾额、对联所体现的便是“含蓄”的效果。就中国园林的“借景”以及它与书画、文学、戏曲的密不可分等，陈老先生都一一做了回答。(「中国園林の世界」采访,『建築雑誌』Vol.103,No.1276,1988年9月号第16～21页。)由此看来,中国园林(包括中国古建在内),其所表现更多的是中国传统文化的方方面面,而非单纯的技术问题。陈老先生有关中国园林与日本庭园的关系的名言,从某种意义上也为在江户时代大名庭园的造庭筑山为何难以找到《园冶》影响的明显痕迹做了脚注,大名庭园中所模仿的中国趣味是否仅仅停留在了接受中国文化的表层上?当然,这些还都需要进一步的求证和研究。顺便提一下,陈老夫子之所以在海外更有人气,我想是因为他是文人而非工匠的缘故。

小野先生在本书第五章中谈及的"境致"对我们中国读者来说,可能比较生疏。其实它出自唐代禅僧临济义玄(? ～876)的语录《临济录》,原文为"师栽松次,黄檗问:'深山里栽许多作什么?'师云:'一与山门作境致,二与后人作标榜'……"境致即禅僧出于修禅和美化环境的需要,命名禅寺内外建筑或周边的自然景物,建筑物以伽蓝七堂为主,外多见亭和桥等;自然景物主要有山川、岩石和溪流,外加池、井和泉水等。又从其中选择一定数,如十处,组成十境相互作诗唱咏。境致理念在南宋的五山(径山寺、灵隐寺、天童寺、净慈寺和育王寺)十刹十分盛行,后随南宋和元代渡日僧人传入日本,即在镰仓五山(建长寺、圆觉寺、寿福寺、净智寺和净妙寺)和京都五山(五山之上的南禅寺、天龙寺、相国寺、建仁寺、东福寺和万寿寺)迅速传播开来,其影响不仅限于禅寺,还波及到禅寺庭园及其他庭园,直至江户时代。最先涉及境致研究的是太田博太郎先生(1912～2007,建筑史)、玉村竹二先生(1911～2003,禅宗史)和横浜国立大学名誉教授关口欣也先生(建筑史)及本人导师东京大学名誉教授横山正先生(建筑史),其后有京都大学名誉教授高桥康夫先生(建筑史)以及东北大学助教野村俊一学兄(建筑史)和奈良文化财研究所研究员铃木智大学兄(建筑史)等人。本人也在横山正老师的指导下,于1993年度提交了东京大学博士学位申请论文(『中世の禅院空間に関する研究——境致を中心として』),以《扶桑五山记》所记五山境致与实际状况、五山境致内容的分析、五山境致空间构成的复原、十境及塔头内境致考等部分,试对境致进行综合性研究。

值本书出版之际，我首先要感谢小野健吉先生，感谢他允许我翻译这本日本庭园的入门书，使我们中国读者有机会全面且正确地了解日本庭园。我与小野的相识始于两年半前，当时我们都参加了国际日本文化研究中心教授（现为名誉教授）白幡洋三郎先生主持的“日本庭园今昔”的共同研究会，我是作为海外共同研究员身份参加的，我们通常三个月一次聚集在一起讨论切磋。而翻译此书的念头早在三年前就有，2011 年 10 月至 2012 年 9 月我作为日本国际交流基金的客座研究员在东京大学访学，当时忙中偷闲完成了田中仙翁先生著《茶道的美学》的翻译。在随后与南京大学出版社田雁老师邮件联系的过程中，我向他推荐此书和藤井惠介、玉井哲雄著《建筑的历史》的翻译选题，不想次年两书的翻译选题均获通过。在此也要感谢田雁老师，自《茶道的美学》出版后，今年我们终于在上海站旁的咖啡馆见了面，因他当天还要赶回苏州只交谈了两小时，但我们像是早已认识的知己一般，他对日本文化出版事业的热忱和精通令我起敬。

借此机会，我还要特别感谢白幡洋三郎先生，自我完成博士学位申请论文，已过去二十个年头，期间我一直受到白幡先生的指导和关照。2000 年 4 月至 2001 年 3 月，我首次来国际日本文化研究中心（简称日文研）做客座助教授时，白幡先生是我的接受教官，他不仅从学术上而且还在生活上给了我很大的帮助。这次他退官前夕的共同研究会，也特地邀请我参加。对此，我是非常感激的，但由于自己的怠慢，没能提交论文编入共同研究会报告书中，我至今深感愧疚。此外，还要感谢参加共同研究会的日文研荒木浩教授、榎本涉准教授以及新潟大学名誉教授锦仁先生、国士馆大学教授原田信男先生、原长冈造形大学教授飞田范夫先生、德国维尔茨堡大学专任讲师外村中先生等。还有书中的诗歌汉译，《万叶集》采用了杨烈先生的译诗[杨烈译《万叶集》（上下），湖南人民出版社，1984]，其他数首承蒙畏友施小炜兄代劳，在此一并表示感谢。

蔡敦达<br>2014 年 12 月 8 日<br>于京都桂离宫南的桂川边公寓

# 附　记

这次本书(原书名《日本庭园——空间美的历史》)修订再版，承蒙南京大学出版社和田雁编审的好意，在此深表谢意。同时也要感谢原著者小野健吉先生(现为和歌山大学教授)、日本庭园摄影家中田胜康先生提供相关彩色照片等。

蔡敦达 2019 年 5 月于杉达园

**图书在版编目(CIP)数据**

图说日本庭园史/(日)小野健吉著;蔡敦达译
.—2版.—南京:南京大学出版社,2019.10
(阅读日本书系)
ISBN 978-7-305-08608-3

Ⅰ.①图… Ⅱ.①小… ②蔡… Ⅲ.①庭院—园林艺术—日本—图集 Ⅳ.①TU986.631.3-64

中国版本图书馆CIP数据核字(2019)第211260号



出版发行 南京大学出版社
社　　址 南京市汉口路22号　　邮　编 210093
出 版 人 金鑫荣

丛 书 名 阅读日本书系
**书　　名 图说日本庭园史**
著　　者 [日]小野健吉
译　　者 蔡敦达
责任编辑 田　雁

照　　排 南京紫藤制版印务中心
印　　刷 南京爱德印刷有限公司
开　　本 787×1092 1/20 印张9 字数162千
版　　次 2019年10月第2版 2019年10月第1次印刷
ISBN 978-7-305-08608-3
定　　价 58.00元

网　　址 http://www.njupco.com
官方微博 http://weibo.com/njupco
官方微信 njupress
销售热线 (025)83594756